SEBASTIÃO CÍCERO PINHEIRO GOMES

MÉTODOS NUMÉRICOS COMPUTACIONAIS

Teoria, Exercícios e Programação com MATLAB

EDITORA CIÊNCIA MODERNA

Métodos Numéricos Computacionais – Teoria, Exercícios e Programação com MATLAB

Editor: Paulo André P. Marques

Produção Editorial: Dilene Sandes Pessanha

Capa: Juliana Gueths

Diagramação: Daniel Jara

Copidesque: Equipe Ciência Moderna

FICHA CATALOGRÁFICA

GOMES, Sebastião Cícero Pinheiro.

Métodos Numéricos Computacionais – Teoria, Exercícios e Programação com MATLAB

Rio de Janeiro: Editora Ciência Moderna Ltda., 2021.

1. Engenharia 2. Matemática
I — Título

ISBN: 978-65-5842-068-2 CDD 620
510

Editora Ciência Moderna Ltda.
R. Alice Figueiredo, 46 – Riachuelo
Rio de Janeiro, RJ – Brasil CEP: 20.950-150
Tel: (21) 2201-6662/ Fax: (21) 2201-6896
E-MAIL: LCM@LCM.COM.BR
WWW.LCM.COM.BR **05/21**

Prefácio

Este trabalho tem o objetivo de auxiliar ao aluno que esteja cursando uma disciplina envolvendo métodos numéricos e, desta forma, sua apresentação é simples, pois se trata de um reforço didático. Alguns assuntos são abordados superficialmente, mas com conteúdo suficiente para "iniciar" o leitor que pode, evidentemente, se aprofundar em algum tópico específico na literatura existente do domínio em questão. Entretanto, determinados capítulos conterão explicações teóricas sobre alguns métodos que não são vistos normalmente em nível de graduação. O aliado indispensável dos métodos numéricos é o computador, fato que motivou a elaboração de diversos programas em MATLAB, sobre os métodos desenvolvidos ao longo do livro. Esta é uma das principais contribuições do presente livro: além de diversos exercícios, o aluno que está cursando uma disciplina de métodos numéricos tem acesso aos programas sobre cada método estudado em teoria. O leitor pode implementá-los, criando assim um "pacote" numérico próprio. Os requisitos básicos fundamentais à compreensão teórica dos métodos numéricos são os conhecimentos do cálculo e da álgebra, embora conhecimentos na área de programação de computadores sejam também importantes.

O leitor que está iniciando o processo de aprendizagem poderia então perguntar: o que é na realidade um método numérico? Por que foram desenvolvidos e quando devem ser usados?

Estas questões serão plenamente respondidas à medida que o estudo for avançando. Porém, pode ser adiantado que a maioria dos problemas matemáticos envolvidos na solução de algum problema físico não possui **solução analítica** (exata) devido, principalmente, às não linearidades inerentes ao próprio comportamento da natureza: estes são precisamente os casos nos quais os métodos numéricos assumem uma importância fundamental, possibilitando a determinação de uma solução aproximada (**solução numérica**) para a solução analítica impossível (por enquanto) de ser obtida. Trabalhos técnicos na área de exatas em geral não devem lidar com interpretações filosóficas, mas não resistimos à possibilidade de convidar o leitor a pensar sobre um possível descompasso entre as evoluções temporais da matemática e da tecnologia. Exemplificando, atualmente dispõe-se de instrumentos poderosos de medidas (sensores), capazes, por exemplo, de determinarem a posição e a velocidade de um satélite em órbita da Terra com extrema precisão. Porém, caso se deseje prever estas grandezas utilizando-se para tanto um modelo matemático, este não permite solução analítica no caso mais geral de órbita perturbada, como é a realidade do fenômeno. É necessária então a utilização de um método numérico de integração e assim, erros numéricos são cometidos com grandezas por vezes compatíveis com efeitos dinâmicos produzidos por algumas perturbações consideradas no modelo matemático: chega-se a um limite em que não adianta tentar melhorar o conhecimento da natureza do fenômeno representada no modelo matemático porque os efeitos na solução teriam ordens de grandeza compatíveis com os erros numéricos, fazendo com que o esforço de modelagem passe a ser inócuo. Isto tudo porque não sabemos resolver a maioria dos sistemas de equações diferenciais não lineares. Muito provavelmente, no futuro aparecerão gênios que darão um "empurrão" na matemática atual, assim como o fizeram Newton e Leibniz quando criaram o cálculo diferencial e abriram de forma definitiva os horizontes da ciência.

Voltando à nossa realidade, o presente trabalho apresenta os assuntos divididos em capítulos, contendo os seguintes tópicos: Estudo sobre Erros, Zeros de Funções, Solução de Sistemas de Equações Lineares, Solução de Sistemas de Equações não lineares, Autovalores e Autovetores, Interpolação Polinomial, Ajustes de Curvas, Derivação Numérica, Integração Numérica, Solução Numérica de Equações Diferenciais Ordinárias e Solução Numérica de Equações Diferenciais Parciais. Além dos capítulos com todo o conteúdo anteriormente citado, existem programas em MATLAB e exemplos.

Apesar de termos seguido uma sequência que acreditamos ser a ideal, os assuntos dos capítulos podem ser estudados isoladamente, desde que haja conhecimento prévio de tópicos anteriores abordados no conteúdo teórico. Desejamos finalmente um bom estudo, aconselhando sempre que possível, consultas a outros trabalhos afins uma vez que estamos longe de pretendermos que este trabalho seja completo.

Agosto, 2020

O autor.

Sumário

Capítulo 1

Estudo sobre Erros

A solução de problemas físicos é obtida na maioria das vezes com erros inerentes à coleta de dados, à representação matemática do problema (modelagem matemática), aos métodos numéricos (quando a solução é numérica), etc. Estudaremos a seguir os principais tipos de erros e suas origens.

1.1 Etapas da Solução de um Problema

A maioria dos problemas de aplicação da matemática tem origem na necessidade de se resolver problemas da natureza:

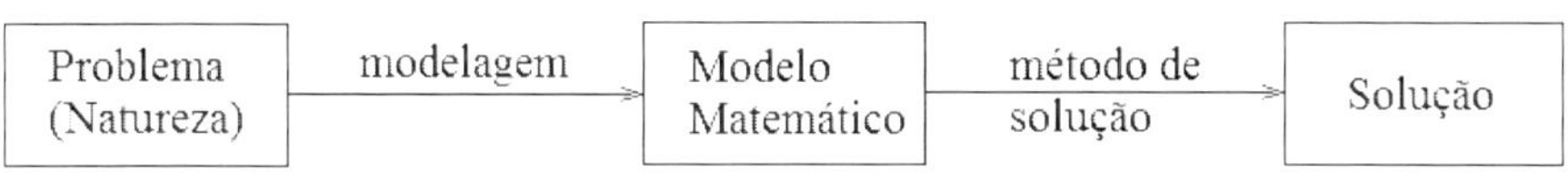

Figura 1.1 Possíveis etapas envolvidas na obtenção da solução de um problema.

Como exemplo, considera-se o sistema massa-mola abaixo, para o qual se deseja prever a posição e a velocidade da massa em um instante qualquer.

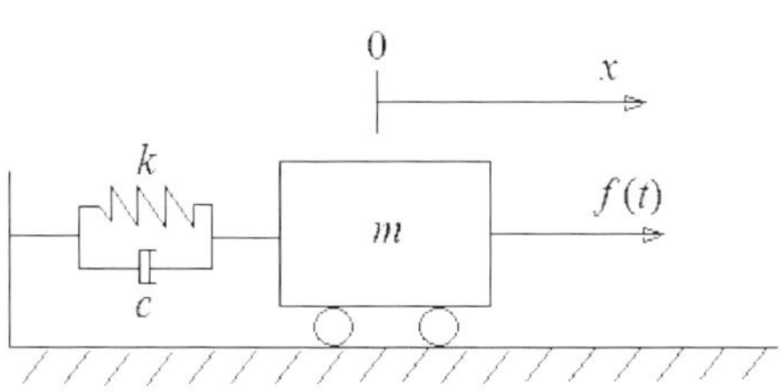

Figura 1.2 Exemplo de um problema físico.

Modelagem dinâmica a partir da segunda lei de Newton:

$$F_r = \sum_i F_i = ma = m\ddot{x}$$
$$m\ddot{x} = -kx - c\dot{x} + f(t) \tag{1.1}$$
$$\ddot{x} + \frac{c}{m}\dot{x} + \frac{k}{m}x - \frac{f(t)}{m} = 0$$

c é o coeficiente de atrito, k a constante elástica da mola, m a massa do corpo e $f(t)$ uma força externa atuando na massa. A solução para este problema deve conter uma dupla integração da equação (1.1), integração esta que pode ser:

- analítica (solução exata, que nem sempre é possível);
- numérica (solução aproximada).

Quando a solução necessita ser obtida numericamente, o processo tende a seguir o diagrama de blocos apresentado na Figura 1.3.

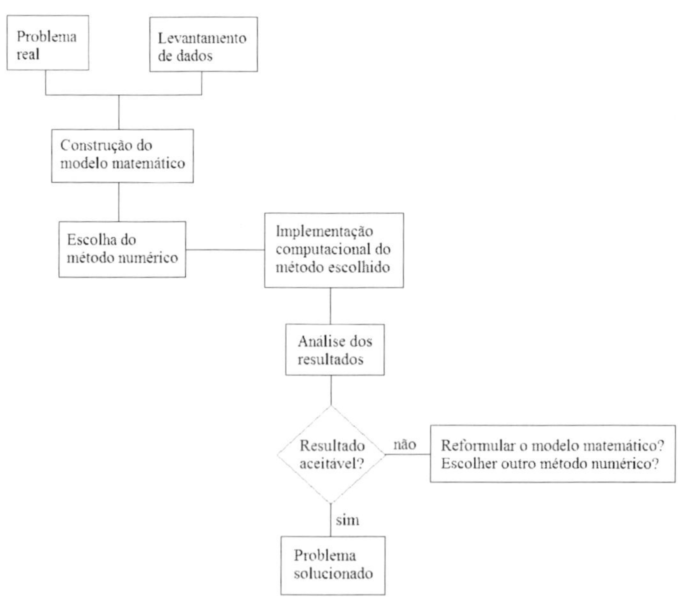

Figura 1.3. Estrutura geral das etapas envolvidas na solução de um problema.

Em todo este processo podem existir:

- Erros de observação (levantamento de dados);
- Erros de modelagem matemática;
- Erros inerentes ao método numérico;
- Erros devidos à representação de números no computador (truncamento ou arredondamento).

1.2 Representação de Números

De uma forma geral, dado um número *N* na base *β*,

$$N = (a_n a_{n-1} a_{n-2} \dots a_1 a_0),$$

este pode ser escrito na seguinte forma polinomial:

$$N = (a_n \beta^{n} + a_{n-1} \beta^{n-1} + \dots + a_1 \beta + a_0 \beta^{0})$$

Exemplo:

a) Base decimal

$$(347)_{10} = (3*10^2 + 4*10^1 + 7*10^0)$$

b) Base binária (utilizada em computadores)

$$(10111)_2 = (1*2^4 + 0*2^3 + 1*2^2 + 1*2^1 + 1*2^0)_{10} = (23)_{10}$$

Devido ao fato das máquinas trabalharem com um número finito de dígitos, erros podem acontecer segundo o seguinte esquema:

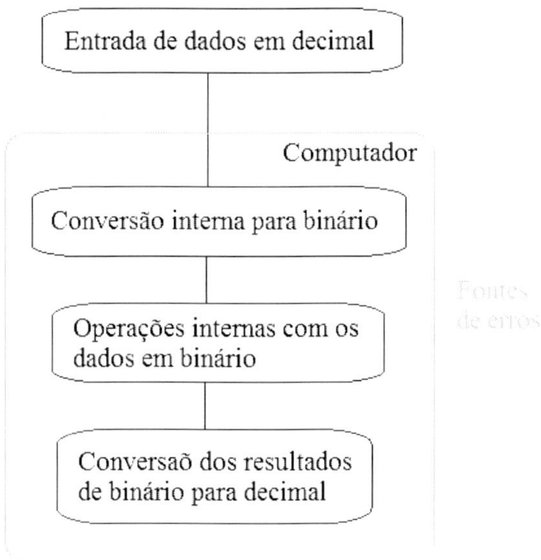

Figura 1.4. Fontes de erros devidos à representação numérica em computador.

Exemplo:

$$(0.1)_{10} = (0.0001100110011...)_2$$

É necessário então "**truncar**" ou "**arredondar**" este número quando o limite de dígitos da máquina for atingido, operações estas que geram os chamados erros de truncamento ou de arredondamento.

1.3 Aritmética de Ponto Flutuante

Um número qualquer na base β em aritmética de ponto flutuante de t dígitos tem a forma:

$$\pm(.d_1 d_2 ... d_t)_\beta * \beta^e$$

onde:

$$(.d_1 d_2 ... d_t) \Rightarrow mantissa$$
$$(0 \leq d_j \leq \beta - 1, \forall \; j = 1,...,t)$$
$$e \Rightarrow \exp oente\,(m \leq e \leq M): geralmente \;\; m = -M$$

Dado um número *N*, sua representação em aritmética de ponto flutuante de *t* dígitos é feita por **truncamento** ou por **arredondamento**.

Exemplo 1.1

Encontrar a representação dos números abaixo em um sistema de aritmética de ponto flutuante de três dígitos (t=3), na base 10 (β=10), com m=-4 e M=4.

número	arredondamento	truncamento
1.25	$0.125 * 10$	$0.125 * 10$
10.053	$0.101 * 10^2$	$0.100 * 10^2$
-238.15	$-0.238 * 10^3$	$-0.238 * 10^3$
2.71822	$0.272 * 10$	$0.271 * 10$
0.000007	*underflow*	
654982.38	*overflow*	

1.4 Erros Absoluto e Relativo

1.4.1 Erro Absoluto

O erro absoluto é a diferença entre o valor exato de um número X e o seu valor aproximado $\overline{X}$:

$$EA_x = X - \overline{X}$$

Exemplo 1.2

Seja

$$X \in (2112.8\,,2113) : \text{se}\, \overline{X} = 2112.9$$
$$\text{então}\, |EA_x| < 0.1$$

Exemplo 1.3

$$Y \in (5.2\,,5.4) : \text{se}\, \overline{Y} = 5.3$$
$$\text{então}\, |EA_y| < 0.1$$

Evidentemente, nos exemplos anteriores, $\overline{X}$ constitui uma melhor aproximação para o X do que o $\overline{Y}$ para o Y.

1.4.2 Erro Relativo

O erro relativo é definido como sendo o erro absoluto dividido pelo valor aproximado:

$$ER_x = \frac{EA_x}{\overline{X}}$$

Considerando-se os exemplos anteriores:

$$|ER_x| = \frac{|EA_x|}{\overline{X}} < \frac{0.1}{2112.9} \approx 4.7 * 10^{-5}$$
$$|ER_y| = \frac{|EA_y|}{\overline{Y}} < \frac{0.1}{5.3} \approx 0.02$$

1.5 Erros de Truncamento e Arredondamento

Considera-se um sistema que opera em aritmética de ponto flutuante de t dígitos na base 10 e ainda, seja X escrito na forma:

$$X = F_x * 10^e + G_x * 10^{e-t}$$
$$0.1 \le F_x < 1,\ 0 \le G_x < 1$$

Exemplo 1.4

$$t{=}4,\ X{=}234.57 \Rightarrow X = 0.2345*10^{3} + 0.7*10^{-1} \mapsto \begin{Bmatrix} e = 3 \\ e - t = -1 \end{Bmatrix}$$

1.5.1 Erro de Truncamento

Para o truncamento, $G_x * 10^{e-t}$ é desprezado e, portanto, $\overline{X} = F_x * 10^{e}$. Neste caso, o erro absoluto devido à operação de truncamento possui então a forma:

$$|EA_x| = |X - \overline{X}| = |G_x| * 10^{e-t}$$

Uma noção mais precisa sobre o erro cometido na operação de truncamento é fornecida pelo erro relativo, que pode ser obtido como função única do número de dígitos t, conforme demonstrado a seguir:

$$|ER_x| = \frac{|EA_x|}{|\overline{X}|} = \frac{|G_x| * 10^{e-t}}{|F_x| * 10^{e}}$$

$$|ER_x| \text{ será máximo quando } \begin{Bmatrix} |G_x| \approx 1 \\ |F_x| = 0.1 \end{Bmatrix}$$

$$|ER_x| < \frac{10^{e-t}}{0.1 * 10^{e}} \Rightarrow |ER_x| < 10^{-t+1}$$

1.5.2 Erro de Arredondamento

Utiliza-se geralmente o arredondamento simétrico:

$$\overline{X} = \begin{cases} F_x * 10^{e} \text{ se } |G_x| < 0.5 \\ F_x * 10^{e} + 10^{e-t} \text{ se } |G_x| \geq 0.5 \end{cases}$$

Em síntese, se $|G_x| < 0.5$ o mesmo é desprezado, caso contrário, acrescenta-se 1 ao último dígito de F_x.

De modo semelhante ao truncamento, pode-se obter o erro relativo devido à operação de arredondamento como função única do número de dígitos *t*, conforme indicado a seguir:

$$\text{Considerando } |G_x| < \frac{1}{2}, \text{ tem-se}$$

$$EA_x = X - \overline{X} = F_x * 10^e + G_x * 10^{e-t} - F_x * 10^e$$

$$EA_x = G_x * 10^{e-t}; \text{ como } |G_x| < \frac{1}{2} \text{ tem-se}$$

$$|EA_x| < \frac{1}{2} * 10^{e-t} \Rightarrow |ER_x| < \frac{\frac{1}{2} * 10^{e-t}}{0.1 * 10^e}$$

$$\text{ou ainda, } \quad |ER_x| < \frac{1}{2} 10^{-t+1}$$

1.6 O Erro Numérico

Trata-se do erro decorrente do próprio método numérico, como por exemplo, o erro devido ao truncamento de uma expansão em série de Taylor, conforme definido a seguir.

Uma função $f(x)$ é analítica dentro do domínio de convergência de raio *R* em torno de *a* se, para $a - R \leq x \leq a + R$, pode-se escrever:

$$f(x) = f(a) + (x-a) * f'(a) + \frac{(x-a)^2}{2!} f''(a) + \ \dots \ + \frac{(x-a)^n}{n!} f^{(n)}(a) + \ \dots$$

Esta expressão constitui o desenvolvimento de $f(x)$ em torno do ponto *a,* que pode ser ainda posta na forma compacta:

$$f(x) = \sum_{n=0}^{\infty} \frac{(x-a)^n}{n!} \left[\frac{d^n f(x)}{dx^n} \right]_{x=a}$$

Na realidade, trabalha-se com um número finito de termos obtendo-se assim uma aproximação sob a forma:

$$\bar{f}(x) = f(a) + (x-a) * f^{'}(a) + \frac{(x-a)^2}{2!} f^{''}(a) + \ \ldots \ + \frac{(x-a)^n}{n!} f^{(n)}(a)$$

O limite máximo para o erro numérico (E_n) cometido com a utilização do $\bar{f}(x)$ em lugar do valor exato $f(x)$ pode ser calculado a partir da expressão:

$$|E_n| < \frac{|x-a|^{n+1}}{(n+1)!} \left[\frac{d^{n+1} f(x)}{dx^{n+1}} \right]_{\max}$$

onde

$$\left[\frac{d^{n+1} f(x)}{dx^{n+1}} \right]_{\max}$$

corresponde ao valor máximo da *n*ésima primeira derivada da $f(x)$.

Procurou-se exemplificar o erro numérico a partir do truncamento de uma expansão em série de Taylor em razão da mesma aparecer com frequência no desenvolvimento teórico de alguns métodos numéricos abordados neste livro, principalmente na parte relativa à integração numérica de funções e de sistemas de equações diferenciais.

1.7 Resumo Final

Na Figura 1.5 mostra-se um resumo simplificado dos erros que são geralmente cometidos, quando se tenta resolver um problema de aplicação matemática. Em geral, os erros numéricos e os de modelagem (grifados em vermelho na Figura 1.5) são os mais significativos. Isto se deve aos seguintes fatos:

- Com o desenvolvimento tecnológico principalmente no domínio da eletrônica, os sensores, que são os instrumentos responsáveis por fazerem as medidas dos dados em sistemas físicos, possuem erros (chamados ruídos de observação) por vezes insignificantes quando comparados aos oriundos de possíveis imprecisões do modelo matemático, por exemplo;

- Apesar do perigo que representa o acúmulo no tempo dos erros de truncamento e arredondamento, o número de dígitos utilizado por processadores é significativo, fato que diminui os erros nestas operações, principalmente quando se trabalha com precisão expandida.

Os erros devidos ao método numérico escolhido podem ser minimizados mudando-se o método, optando-se por um de mais alta ordem, por exemplo, conforme será visto no capítulo que trata da solução numérica de equações diferenciais ordinárias. Às vezes não há a necessidade de trocar o método, bastando aumentar o número de pontos do domínio discreto da solução numérica.

Os erros de modelagem matemática são mais difíceis de serem minimizados. A modelagem matemática dos sistemas físicos divide-se basicamente em dois grandes grupos: cinemática e dinâmica. A modelagem cinemática lida geralmente com transformações entre sistemas de referência, de forma que sua precisão depende muito do conhecimento das dimensões físicas dos sistemas. Por exemplo, conhecendo-se os comprimentos dos elos de um robô-manipulador e ainda, os deslocamentos angulares das suas juntas, é possível prever qual será a posição da ferramenta ou carga terminal do robô: o conjunto de equações geométricas que garante este cálculo é conhecido como modelo cinemático direto do robô. Portanto, se as dimensões físicas são conhecidas com precisão, bem como as informações dos deslocamentos angulares (provenientes dos sensores de posição angular), a modelagem cinemática será precisa, não apresentando maiores problemas.

Os problemas correlatos a erros de modelagem dinâmica são muito mais complexos e difíceis de serem resolvidos. Os erros de modelagem dinâmica têm basicamente duas origens: erros paramétricos; erros estruturais. Todo modelo dinâmico tem parâmetros que precisam ser identificados. Por exemplo, o modelo dinâmico do sistema da Figura 1.2 possui três parâmetros: a massa m, a constante elástica k e o coeficiente de atrito c. Os chamados erros paramétricos são cometidos quando um ou mais parâmetros do modelo são identificados de forma imprecisa: estes erros paramétricos fazem com que a resposta do modelo (simulação) se distancie da resposta do sistema físico real (planta física). Já os erros estruturais são cometidos quando a estrutura escolhida para o modelo dinâmico é inapropriada para representar a realidade física do fenômeno. Por exemplo, no sistema dinâmico da Figura 1.2 o atrito não linear que deve existir correlato ao movimento das rodas no trilho foi negligenciado, de forma que a estrutura do modelo que deveria ser mais complexa sofreu uma simplificação, quando foi considerado apenas o atrito linear. Erros estruturais também são cometidos quando são negligenciadas dinâmicas de mais alta ordem na modelagem de estruturas flexíveis, do tipo vigas elásticas ou cabos, por exemplo. Geralmente, o objetivo é desprezar os modos de vibração de mais alta frequência e isto significa que a estrutura do modelo será mais simples. Porém, esta simplificação pode ter um custo alto em termos de erros ampliados (resultados de simulações mais distantes dos resultados experimentais oriundos da planta física). Em síntese, o conhecimento e a experiência de trabalho experimental com a planta física são fundamentais para se reduzir ou minimizar os erros de modelagem dinâmica.

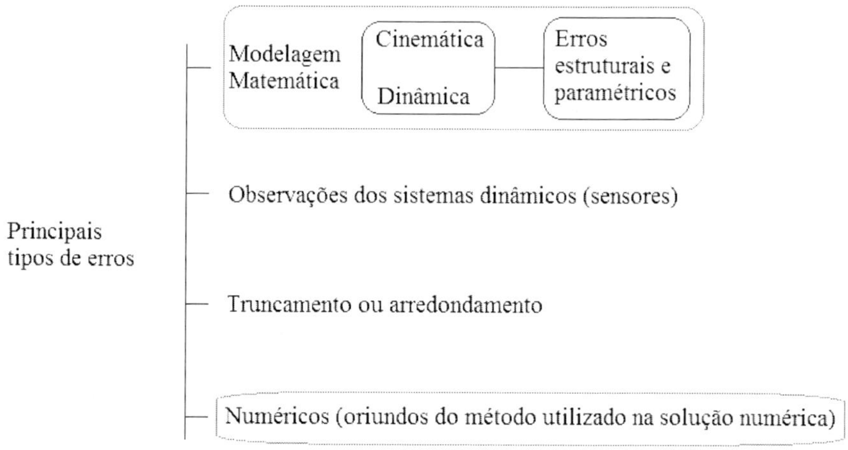

Figura 1.5. Principais tipos de erros cometidos na solução de um problema de aplicação matemática.

Capítulo 2

Zeros de Funções Reais

Em muitos problemas práticos de aplicação matemática, a obtenção da solução necessita da determinação de um número ε para o qual:

$$f(\varepsilon) = 0; \quad \Rightarrow \quad \varepsilon \text{ é raiz de } f(x)$$

Este é o caso, por exemplo, do cálculo de valores extremos de uma função que representa uma grandeza física como energia, temperatura, etc., ou ainda, do cálculo das raízes de um polinômio característico objetivando a obtenção dos autovalores de uma matriz, que são extremamente importantes na análise do comportamento de sistemas dinâmicos. A necessidade de se encontrar numericamente raízes decorre da inexistência de soluções analíticas para a maioria das funções transcendentes ou ainda, para polinômios de alta ordem.

2.1 Isolamento de Raízes

Caso se disponha de algum recurso gráfico, este pode ser o melhor instrumento para se isolar intervalos que contenham raízes. Na ausência de tais recursos, o conhecimento de alguns princípios básicos pode ser útil, conforme apresentado a seguir.

a) Se uma função $f(x)$ assume valores de sinais opostos nos pontos extremos do intervalo $[a,b]$, $f(a)*f(b)<0$ e, então, este intervalo conterá um número ímpar de raízes da função $f(x)=0$.

Exemplo 2.1

A função $f(x) = x^3 - 6x^2 + 11x - 6$ possui três raízes no intervalo [0 4], de forma que $f(0) * f(4) < 0$, conforme visto na Figura 2.1a.

b) A raiz ε será definida e única se a derivada $f'(x)$ for contínua e preservar o sinal dentro do intervalo $[a, b]$.

Exemplo 2.2

A função $f(x) = x^2 - e^{-x}$ possui derivada

$f'(x) = 2x + e^{-x} > 0$, para $x \in [0 \ \ 1]$ e, portanto, possui uma única raiz em [0 1], conforme visto na Figura 2.1b.

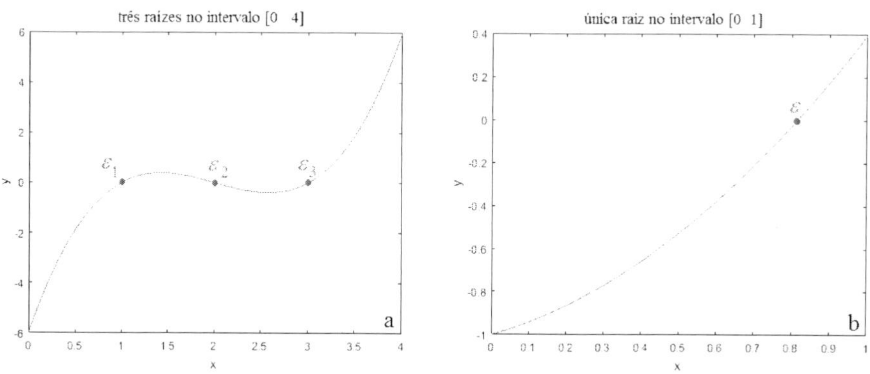

Figura 2.1 a) Função com três raízes no intervalo [0 4]; b) Função com uma única raiz em [0 1].

2.1.1 Isolamento Utilizando Tabelas

Trata-se de verificar possíveis mudanças de sinais da função $f(x)$ quando se atribui valores à variável x.

Exemplo 2.3

Considera-se a função: $f(x) = x^2 - e^{-x}$. Pode-se construir uma tabela com valores de x e $f(x)$ considerando-se apenas os sinais, sob a forma:

x	-2	-1	0	1	2	3	4	5
sinal de $f(x)$	-	-	-	+	+	+	+	+

Neste caso, $\varepsilon \in [0\ \ 1]$.

2.1.2 Isolamento Utilizando-se Visualização Gráfica

Conforme já ressaltado anteriormente, a visualização gráfica da função $f(x)$ pode ser muito útil à identificação de intervalos que contenham raízes. Às vezes, a subdivisão (quando possível) da $f(x)$ em duas outras funções pode simplificar o processo de construção do gráfico, conforme indicado na Figura 2.2. Neste exemplo, considera-se a função $f(x) = x^2 - e^{-x} = g(x) - h(x) = 0$. A raiz estará exatamente na interseção das duas funções, de forma que $f(\varepsilon) = g(\varepsilon) - h(\varepsilon) = 0$.

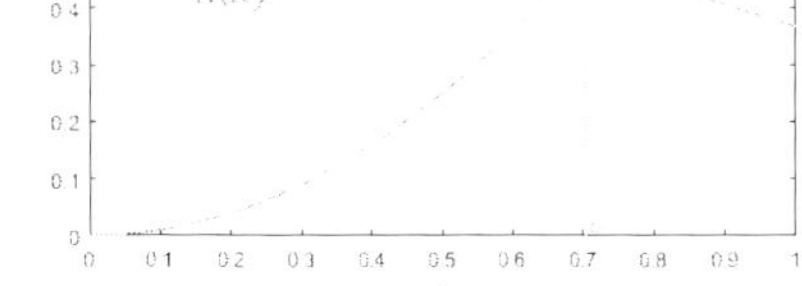

Figura 2.2 Raiz determinada a partir da interseção das funções $g(x)$ e $h(x)$.

2.2 Métodos Iterativos para a Obtenção de Zeros de Funções

Na sequência, alguns dos principais métodos numéricos para a determinação de raízes são abordados de forma teórica, sendo que uma atenção especial será dada a funções polinomiais, uma vez que o isolamento de raízes nestes casos não é evidente: raízes múltiplas ou muito próximas umas das outras tornam o isolamento às vezes impraticável do ponto de vista computacional. Os três primeiros métodos apresentados a seguir são mais indicados nos casos de equações transcendentes, enquanto que o último é específico para funções polinomiais, sendo capaz de determinar inclusive raízes complexas.

2.2.1 Método da Bissecção

Seja $f(x)$ uma função contínua no intervalo $[a \ \ b]$ e $f(a)*f(b)<0$ (supor uma única raiz no intervalo). O algoritmo (2.1) e a Figura 2.3 explicam de forma resumida o método. Os passos do processo iterativo estão resumidos na Tabela 2.1. Observa-se que o intervalo $[a \ \ b]$ vai se fechando em torno da raiz até a precisão $(prec)$ ser atingida.

<u>enquanto</u> abs$(a-b) > prec$ <u>faça</u>
    $x_0 = (a+b)/2$;
    <u>se</u> $f(a)*f(x_0) > 0$ <u>então</u>
        $a \leftarrow x_0$;
        <u>senão</u>
        $b \leftarrow x_0$;
    <u>fim se</u> (2.1)
<u>fim enquanto</u>

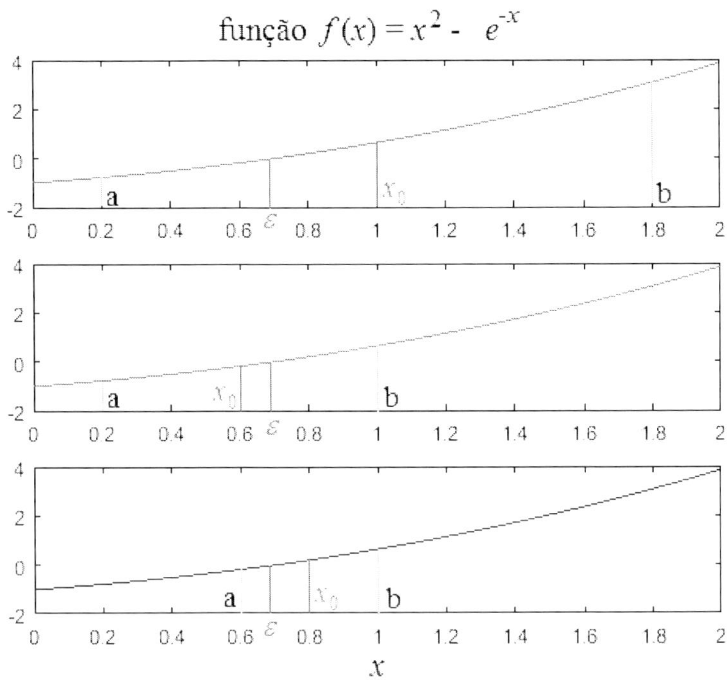

Figura 2.3 Representação gráfica de dois passos consecutivos com o método da bissecção.

Tabela 2.1 Dois passos consecutivos envolvidos no exemplo da Figura 2.3.

a	b	x_0	$\|a-b\|$	$f(a)*f(x_0)$
0.2	1.8	1	1.6	-0.4923
0.2	1	0.6	0.8	0.1470
0.6	1	0.8	0.4	-0.0360

Uma função programada em MATLAB com o método da bissecção poderia ter a seguinte estrutura:

```
function [x,k]=bissec(a,b,p)
% x => raiz procurada
% k => número de iterações
% [a,b] => intervalo que contém uma única raiz
% p => precisão
k=0;
while abs(a-b)>p,
   k=k+1;
   x=(a+b)/2;
   if f(a)*f(x)>0,
      a=x;
      else
      b=x;
   end,
end,
```

A função $f(x)$ do exemplo teria a seguinte forma:

```
function v=f(x)
   v=x^2-exp(-x);
```

Em MATLAB, os nomes dos arquivos precisam ser idênticos aos nomes das funções, de forma que os arquivos gravados seriam `bissec.m` e `f.m` (a extenção `m` é o default MATLAB para arquivos textos). Um programa principal (ou uma sequência de comandos na janela de comandos do MATLAB) para encontrar a raiz deste exemplo poderia ser:

```
a=1.8;
b=0.2;
prec=1e-8;
[x,k]=bissec(a,b,prec)
```

A função `bissec.m` devolveria os seguintes valores (usando o `format long`):

```
x = 0.703467422723770
```

```
k = 28
```

A solução numérica foi encontrada com 28 iterações e, considerando-se a precisão adotada, são confiáveis os oito primeiros dígitos desta solução.

Exercício proposto 2.1

Utilizando uma calculadora, determine, com o método da bissecção, a raiz da função $f(x) = e^x - \sin(x) - 2$, com precisão $= 10^{-2}$. Determine esta mesma raiz a partir da função `bissec.m`, com precisão $= 10^{-8}$.

2.2.2 Método da Iteração Linear (MIL)

Seja $f(x)$ uma função contínua em $[a \; b]$, intervalo que contém uma raiz da equação $f(x) = 0$. Transforma-se:

$$f(x) = 0 \quad \text{em} \quad x = \phi(x)$$

onde $\phi(x)$ é denominada função de iteração.

Exemplo 2.3

$$f(x) = x^2 - e^{-x} = 0$$

$$x = e^{-\frac{x}{2}} = \phi(x) \Rightarrow \text{Função de Iteração}$$

Sendo x_0 uma primeira aproximação da raiz ε, faz-se:

$$\begin{aligned} x_1 &= \phi(x_0) \\ x_2 &= \phi(x_1) \\ &\vdots \\ x_{k+1} &= \phi(x_k) \end{aligned} \tag{2.2}$$

Se a sequência $\{x_0, x_1, \ldots\}$ é convergente e $\phi(x)$ contínua, então:

$$\lim_{k \to \infty} x_k = \varepsilon = \phi(\varepsilon)$$

onde ε é uma raiz de $f(x)$. Na Figura 2.4 há uma interpretação gráfica mostrando três passos consecutivos de um processo iterativo convergente com o MIL. Percebe-se que $x_k \rightarrow \varepsilon$ quando $k = 0, 1, 2, 3, \ldots$. O processo iterativo será interrompido quando $|x_{k+1} - x_k| < precisão$.

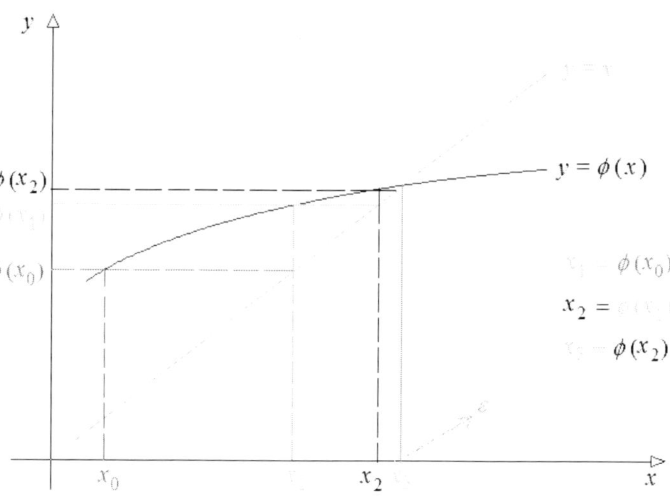

Figura 2.4 Três iterações sucessivas com o MIL.

Considera-se ε uma raiz da equação $f(x) = 0$, isolada no intervalo I que contém ε e ainda, $\phi(x)$ uma função de iteração para a equação $f(x) = 0$. O processo iterativo $\{x_{k+1} = \phi(x_k),\ k = 0,1,2,\ldots\}$ converge para ε se:

$i)$ $\phi(x)$ e $\phi'(x)$ são contínuas em I;

$ii)$ $|\phi'(x)| < 1,\ \forall\ x \in I$;

$iii)$ $x_0 \in I$ ($x_0 \Rightarrow$ aproximação inicial)

Exemplo 2.4

Encontrar a raiz da equação $f(x) = x^2 - e^{-x} = 0$, utilizando o MIL, com precisão $\leq 10^{-2}$. Antes de começar o cálculo das iterações, mostre que a função de iteração escolhida permite convergência.

Solução:

Escolhe-se a seguinte função de iteração $\phi(x) = e^{-x/2}$, cuja derivada é $\phi'(x) = -\frac{1}{2}e^{-x/2}$.

Como estas funções são contínuas, a condição "*i*)" está satisfeita, bem como a condição "*iii*)", bastando, para tanto, a escolha da aproximação inicial x_0 pertencente ao intervalo *I*. O teste de convergência resume-se em mostrar que a inequação da condição "*ii*)" é verdadeira. Na subseção 2.1.1 foi visto que a raiz da função $f(x) = x^2 - e^{-x}$ pertence ao intervalo $I = \begin{bmatrix} 0 & 1 \end{bmatrix}$. A inequação da condição "*ii*)" corresponde a:

$$|\phi'(x)| < 1 \quad \Rightarrow \quad -1 < \frac{1}{2}e^{-x/2} < 1$$

$$e^{-x/2} < 2$$

$$-\frac{x}{2} < \ln(2)$$

$x > -2\ln(2)$, intervalo que contém o intervalo *I* e, portanto, a convergência está garantida. A Tabela 2.2 resume as iterações até a precisão ser alcançada. Escolhe-se $x_0 = 0.5$ (valor médio do intervalo *I*).

Tabela 2.2 Iterações com o método MIL

k	x_k	$x_{k+1} = \phi(x_k)$	$\lvert x_{k+1} - x_k \rvert$	precisão
0	0.5	0.778801	0.278800	0.01
1	0.778801	0.677463	0.101338	0.01
2	0.677463	0.712674	0.035211	0.01
3	0.712674	0.700237	0.012437	0.01
4	0.700237	0.704605	0.004367	0.01
Raiz aproximada			0.704605	

Uma função programada em MATLAB com o método MIL poderia ter a seguinte estrutura (arquivo `mil.m`):

```
function [x,k]=mil(x0,p)
% x => raiz procurada
% k => número de iterações
% x0 => aproximação inicial
% p => precisão
x=fi(x0);
k=1;
while abs(x-x0)>p,
   k=k+1;
   x0=x;
   x=fi(x0);
end,
```

A função `fi.m` do exemplo teria a seguinte forma:

```
function v=fi(x)
   v=-exp(-x/2);
```

2.2.3 O Método de Newton-Raphson

Seja $f(x)$ possuindo um zero (ε) no intervalo $[a,b]$, com $f(x)$ e $f'(x)$ contínuas neste intervalo. Expandindo-se $f(x)$ em série de Taylor em torno de x_k e truncando-se na primeira ordem tem-se:

$$\bar{f}(x) = f(x_k) + \frac{f'(x_k)}{1!}(x - x_k) = 0$$

para $x = x_{k+1}$ a expansão acima torna-se

$$\bar{f}(x_{k+1}) = f(x_k) + \frac{f'(x_k)}{1!}(x_{k+1} - x_k) = 0$$

$$f(x_k) + f'(x_k)(x_{k+1} - x_k) = 0 \tag{2.3}$$

portanto:

$$x_{k+1} = x_k - \frac{f(x_k)}{f'(x_k)}; \quad k = 0,1,2,...$$

A demonstração do Newton-Raphson poderia ser feita também geometricamente, conforme visto na Figura 2.5.

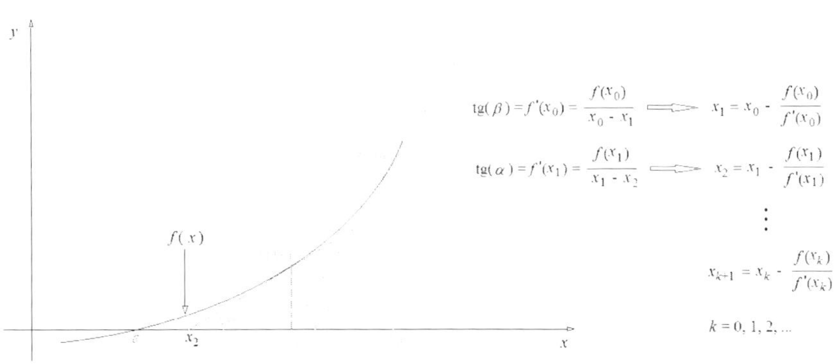

Figura 2.5 Demonstração geométrica do método de Newton-Raphson.

Existirá convergência garantida do método de Newton-Raphson desde que:

i) $f'(x)$ e $f''(x)$ sejam não nulas e preservem o sinal em $[a\ b]$;

ii) x_0 seja tal que $f(x_0) * f''(x_0) > 0$.

Exemplo 2.5

Encontrar, utilizando o método de Newton-Raphson, a raiz da equação $f(x) = 1 - x * \ln(x) = 0$, com precisão $\leq 10^{-3}$.

Solução:

Verificação de um intervalo que contenha uma raiz:

x	0.5	1	1.5	2	2.5
sinal de $f(x)$	+	+	+	-	-

A raiz pertence ao intervalo $[1.5 \quad 2]$ e, portanto, escolhe-se $x_0 = 1.75$. A derivada da função $f(x)$ possui a forma: $f'(x) = -[1 + \ln(x)]$.

Iterações com o Newton-Raphson:

$$k = 0; \Rightarrow x_1 = x_0 - f(x_0)/f'(x_0) = 1.763255; \quad |x_1 - x_0| = 0.013255 > 0.001$$

$$k = 1; \Rightarrow x_2 = x_1 - f(x_1)/f'(x_1) = 1.763223; \quad |x_2 - x_1| = 3.19 * 10^{-5} < 0.001$$

Raiz aproximada: $\varepsilon = 1.763223$.

O Newton-Raphson apresenta a mais rápida convergência, quando comparado aos métodos vistos anteriormente. Sua função (`newtonr.m`) programada em MATLAB pode ter a seguinte estrutura:

```
function [x,k]=newtonr(x0,p)
% x => raiz procurada
% k => número de iterações
% x0 => aproximação inicial
```

```
% p => precisão
x=x0-f(x0)/f1(x0);
k=1;
while abs(x-x0)>p,
    k=k+1;
    x0=x;
    x=x0-f(x0)/f1(x0);
end,
```

As funções relativas ao último exemplo seriam `f.m` e `f1.m`, descritas a seguir:

```
function v=f(x)
  v=1-x*log(x);
```

```
function v=f1(x)
  v=-(1+log(x));
```

2.3 O Método de Bairstow

Os métodos anteriores para o cálculo de raízes são mais indicados para funções transcendentes, não se aplicando de forma geral a polinômios por algumas razões, enumeradas a seguir:

- A separação de intervalos que contenham uma única raiz não é, em determinadas situações, uma tarefa fácil de ser implementada computacionalmente, principalmente porque, no caso de polinômios, as raízes podem ser múltiplas ou muito próximas;

- No caso mais geral de raízes complexas, eles definitivamente não se aplicam;

Do ponto de vista prático de aplicação, há um interesse especial em se calcular também raízes complexas de polinômios, como nas situações em que se deseja obter os autovalores de uma matriz a partir do polinômio característico da mesma. Quando se trata da matriz da dinâmica linear por aproximação de algum sistema físico, é muito comum a existência de autovalores complexos, que guardam importantes interpretações físicas associadas ao amortecimento e à frequência da evolução temporal de tais sistemas.

O método apresentado a seguir, ao contrário dos anteriores, é específico para a determinação de raízes de polinômios, sejam elas múltiplas, complexas ou reais.

Considera-se o polinômio:

$$p_n(x) = a_0 x^n + a_1 x^{n-1} + \cdots + a_{n-1} x + a_n \tag{2.4}$$

Definindo-se $x^2 + px + q$, p e q constantes quaisquer pode ser escrito:

$$p_n(x) = (x^2 + px + q)(b_0 x^{n-2} + b_1 x^{n-3} + \cdots + b_{n-3} x + b_{n-2}) + Rx + S \tag{2.5}$$

O objetivo do método é encontrar p e q de forma que R=S=0. Neste caso, as raízes de $x^2 + px + q = 0$ serão também raízes de $P_n(x)$.

Define-se:

$$R = b_{n-1};\ \ S = pb_{n-1} + b_n \tag{2.6}$$

Desenvolvendo-se a equação (2.5) e comparando-a com a (2.4) tem-se:

$$\begin{cases} b_k = a_k - pb_{k-1} - qb_{k-2} \quad (k = 0,1,\ldots,n) \\ b_{-2} = b_{-1} = 0 \end{cases} \tag{2.7}$$

O exemplo a seguir refere-se a um polinômio de terceira ordem:

$$p_3(x) = a_0x^3 + a_1x^2 + a_2x + a_3 = (x^2 + px + q)(b_0x + b_1) + Rx + S =$$
$$= b_0x^3 + (pb_0 + b_1)x^2 + (qb_0 + b_1p + b_2)x + (b_1q + b_2p + b_3) = 0$$

igualando - se os termos de mesma potência :

$$b_0 = a_0 \;; \qquad (pb_0 + b_1) = a_1$$
$$b_1 = a_1 - pb_0 \;; \qquad (qb_0 + b_1p + b_2) = a_2$$
$$b_2 = a_2 - pb_1 - qb_0 \;; \qquad (b_1q + b_2p + b_3) = a_3$$
$$b_3 = a_3 - pb_2 - qb_1$$

Observar que as relações acima poderiam ser exatamente obtidas a partir da aplicação da equação (2.7), com $k = 0,1,2,3$.

Relembrando-se o objetivo:

$$\text{encontrar } p \text{ e } q \,\|\, R(p,q) = S(p,q) = 0$$

Atribuindo-se valores a p_0 e q_0 (aproximações iniciais de p e q), impõe-se:

$$R(p_0 + \Delta p, q_0 + \Delta q) = 0; \quad S(p_0 + \Delta p, q_0 + \Delta q) = 0 \tag{2.8}$$

Expandindo-se as equações (2.8) até a primeira ordem tem-se:

$$\begin{aligned} R_0 + \Delta p\left[\frac{\partial R}{\partial p}\right]_0 + \Delta q\left[\frac{\partial R}{\partial q}\right]_0 &= 0 \\ S_0 + \Delta p\left[\frac{\partial S}{\partial p}\right]_0 + \Delta q\left[\frac{\partial S}{\partial q}\right]_0 &= 0 \end{aligned} \tag{2.9}$$

onde: $R_0 = R(p_0,q_0)$; $S_0 = S(p_0,q_0)$.

Considerando-se as equações (2.6) pode-se escrever:

$$\begin{aligned}
\left[\frac{\partial R}{\partial p}\right]_0 &= \left[\frac{\partial b_{n-1}}{\partial p}\right]_0 \\
\left[\frac{\partial R}{\partial q}\right]_0 &= \left[\frac{\partial b_{n-1}}{\partial q}\right]_0 \\
\left[\frac{\partial S}{\partial p}\right]_0 &= \left[b_{n-1} + p\frac{\partial b_{n-1}}{\partial p} + \frac{\partial b_n}{\partial p}\right]_0 \\
\left[\frac{\partial S}{\partial q}\right]_0 &= \left[p\frac{\partial b_{n-1}}{\partial q} + \frac{\partial b_n}{\partial q}\right]_0
\end{aligned} \qquad (2.10)$$

Substituindo-se as equações (2.10) na (2.9) tem-se:

$$R_0 + \Delta p\left[\frac{\partial b_{n-1}}{\partial p}\right]_0 + \Delta q\left[\frac{\partial b_{n-1}}{\partial q}\right]_0 = 0$$

$$S_0 + \Delta p\left[b_{n-1} + p_0\left(\frac{\partial b_{n-1}}{\partial p}\right)_0 + \left(\frac{\partial b_n}{\partial p}\right)_0\right] + \Delta q\left[p_0\left(\frac{\partial b_{n-1}}{\partial q}\right)_0 + \left(\frac{\partial b_n}{\partial q}\right)_0\right] = 0$$

(2.11)

As derivadas parciais da equação (2.11) podem ser obtidas derivando-se inicialmente a equação (2.7) com relação a p e posteriormente com relação a q:

$$\frac{\partial b_k}{\partial p} = -b_{k-1} - p\left(\frac{\partial b_{k-1}}{\partial p}\right) - q\left(\frac{\partial b_{k-2}}{\partial p}\right) \qquad (2.12)$$

Definindo-se:

$$c_{k-1} = -\frac{\partial b_k}{\partial p} \quad (k = 1,\ldots,n) \qquad (2.13)$$

tem-se:

$$\begin{aligned} &c_k = b_k - pc_{k-1} - qc_{k-2} \quad (k = 0, 1, \ldots, n-1) \\ &c_{-1} = c_{-2} = 0 \end{aligned} \tag{2.14}$$

Derivando-se ainda a equação (2.7) desta feita com relação a q pode-se obter:

$$\frac{\partial b_k}{\partial q} = -p\frac{\partial b_{k-1}}{\partial q} - q\frac{\partial b_{k-2}}{\partial q} - b_{k-2} \; ; \quad (k = 2, 3, \ldots, n) \tag{2.15}$$

Adotando-se

$$c'_{k-2} = -\frac{\partial b_k}{\partial q} \; ; \quad (k = 2, \ldots, n) \tag{2.16}$$

a equação (2.15) pode ser escrita sob a forma:

$$\begin{aligned} &c'_k = b_k - pc'_{k-1} - qc'_{k-2} \quad ; \quad (k = 0, \ldots, n-2) \\ &c'_{-1} = c'_{-2} = 0 \end{aligned} \tag{2.17}$$

Comparando-se as equações (2.14) e (2.17), chega-se à conclusão que:

$$c'_k = c_k \tag{2.18}$$

As derivadas parciais do sistema de equações (2.11) são substituídas levando-se em conta as equações (2.12) a (2.18):

$$\begin{aligned} &R_0 + \Delta p[-c_{n-2}]_0 + \Delta q[-c_{n-3}]_0 = 0 \\ &S_0 + \Delta p[b_{n-1} + p_0(-c_{n-2})_0 + (-c_{n-1})_0] + \Delta q[p_0(-c_{n-3})_0 + (-c_{n-2})_0] = 0 \end{aligned}$$

(2.19)

Considerando-se em uma iteração qualquer $(c_{n-2})_0 = c_{n-2}$, etc., o sistema (2.19) apresenta a seguinte solução para Δp e Δq :

$$\begin{array}{|l|}\hline \Delta p = \dfrac{P_m}{D} \quad ; \quad \Delta q = \dfrac{Q_m}{D} \\ \text{onde} \\ D = c_{n-2}^2 - c_{n-1}c_{n-3} + b_{n-1}c_{n-3} \\ P_m = b_{n-1}c_{n-2} - b_n c_{n-3} \\ Q_m = b_n c_{n-2} - b_{n-1}c_{n-1} + b_{n-1}^2 \\ \hline \end{array} \tag{2.20}$$

Todo o processo iterativo pode ser resumidamente apresentado a partir das seguintes etapas:

- Atribui-se p_0 e q_0 iniciais à equação (2.5);
- Obtém-se $b_0, b_1, \ldots, b_n$ a partir da equação (2.7);
- Calcula-se $c_0, c_1, \ldots, c_{n-1}$ a partir da equação (2.14);
- Calcula-se Δp e Δq a partir da equação (2.20);
- Adota-se $p_1 = p_0 + \Delta p$ e $q_1 = q_0 + \Delta q$;
- Repetem-se as quatro últimas etapas até que (p_j, q_j) seja muito próximo a (p_{j-1}, q_{j-1});
- Calcula-se o primeiro par de raízes a partir da equação $x^2 + p_j x + q_j = 0$;
- Repete-se todo o processo desta feita com o polinômio de ordem n-2 resultante da equação (2.5);

Exemplo 2.6

Considera-se o polinômio $p_3(x) = a_0 x^3 + a_1 x^2 + a_2 x + a_3$.

$$(p_0, q_0) \Rightarrow \text{atribuídos}$$

$$\mathrm{b}_0 = a_0;\ b_1 = a_1 - p_0 b_0;\ b_2 = a_2 - p_0 b_1 - q_0 b_0;\ b_3 = a_3 - p_0 b_2 - q_0 b_1;$$
$$c_0 = b_0;\ c_1 = b_1 - p_0 c_0;\ c_2 = b_2 - p_0 c_1 - q_0 c_0;$$

$$D = c_1^2 - c_2 c_0 + b_2 b_0$$
$$P_m = b_2 c_1 - b_3 c_0$$
$$Q_m = b_3 c_1 - b_2 c_2 + b_2^2$$

$$\Delta p = \frac{P_m}{D} \quad ; \quad \Delta q = \frac{Q_m}{D}$$

$$p_1 = p_0 + \Delta p \quad ; \quad q_1 = q_0 + \Delta q$$

Repete-se o processo até que

$$\left| p_j - p_{j-1} \right| < \delta_p \quad ; \quad \left| q_j - q_{j-1} \right| < \delta_q$$
$$\text{com} \quad \delta_p = \delta_q \approx 0$$

O método de Bairstow foi programado utilizando-se duas funções: `raizes.m` e `bairstow.m`, descritas na sequência.

```
function z=raizes(a)
% esta função chama a função com o método de Bairstow
% z => vetor com todas as raízes do polinômio
% a => vetor com os coeficientes do polinômio
i=1;
nb=max(size(a))-1;
while nb>2,
    [b,r]=bairstow(a);
    a=b;
```

```
    nb=max(size(a))-1;
    z(i)=r(1);
    z(i+1)=r(2);
    i=i+2;
end,
b=a;
i=i-1;
if nb==2,
    v1=(-b(2)+sqrt(b(2)^2-4*b(1)*b(3)))/(2*b(1));
    v2=(-b(2)-sqrt(b(2)^2-4*b(1)*b(3)))/(2*b(1));
    z(i+1)=v1;
    z(i+2)=v2;
elseif nb==1,
    v=-b(2)/b(1);
    z(i+1)=v;
end,
z=z';
```

```
function [b0,r]=bairstow(a)
% b0 => coeficientes do polinômio rebaixado
% r => duas raízes do polinômio cujos coef. estão em a
% a => vetor com os coeficientes do polinômio original

n=max(size(a))-1;
p0=0;q0=0;
tol=1e-8; delp=10; delq=10;
while abs(delp)>tol | abs(delq)>tol,
  for k=1:n+1,
    if k==1,
           b(k)=a(k);
    elseif k==2,
        b(k)=a(k)-p0*b(k-1);
    else
        b(k)=a(k)-p0*b(k-1)-q0*b(k-2);
    end;
  end;
  for k=1:n,
    if k==1,
```

```
          c(k)=b(k);
        elseif k==2,
          c(k)=b(k)-p0*c(k-1);
        else
          c(k)=b(k)-p0*c(k-1)-q0*c(k-2);
      end;
    end;
    D=c(n-1)^2-c(n)*c(n-2)+b(n)*c(n-2);
    Pm=b(n)*c(n-1)-b(n+1)*c(n-2);
    Qm=b(n+1)*c(n-1)-b(n)*c(n)+b(n)^2;
    delp=Pm/D;
    delq=Qm/D;
    p0=p0+delp; q0=q0+delq;
end;

r(1)=(-p0+sqrt(p0^2-4*q0))/2;
r(2)=(-p0-sqrt(p0^2-4*q0))/2;

for k=1:n-1,
    b0(k)=b(k);
end;
```

A função `bairstow.m` recebe os coeficientes de um polinômio de ordem n, calcula duas das suas raízes e determina os coeficientes do polinômio rebaixado resultante, de ordem n-2. A função `raizes.m` controla as chamadas da função `baistow.m`, chamando-a enquanto as ordens dos sucessivos polinômios rebaixados forem maiores do que 2. Quando a ordem do último polinômio rebaixado for menor ou igual a dois, a função `raizes.m` calcula as últimas raízes por Bhaskara (ordem 2) ou por solução de uma equação de primeiro grau (ordem 1).

Exemplo 2.7

Determine todas as raízes do polinômio

$$p_3(x) = x^5 + 2x^4 - 4x^3 + 6x^2 + 3x - 8 .$$

Solução (com o método de Bairstow)

No MATLAB, cria-se o vetor com os coeficientes e, posteriormente, chama-se a função raizes.m.

```
a=[1 2 -4 6 3 -8];
r=raizes(a)
r =
   1.000000000000000 + 0.000000000000000i
  -1.000000000000000 + 0.000000000000000i
   0.753155977254144 - 1.309334062548044i
   0.753155977254144 + 1.309334062548044i
  -3.506311954532932 + 0.000000000000000i
```

Vê-se que o polinômio do exemplo possui três raízes reais e um par complexo conjugado. Neste exemplo, utilizou-se o comando `format long` para a impressão de resultados. É importante ressaltar que a convergência é muito rápida, de forma que o tempo de processamento para o cálculo das cinco raízes do exemplo foi inferior a 1 *s*, em um computador Intel Pentium CPU 2.2 GHz, 4GB de RAM e sistema operacional de 64 Bits.

Capítulo 3

Solução de Sistemas de Equações Lineares

Frequentemente, a solução de alguns problemas práticos nas mais diversas áreas da ciência necessita da resolução de um sistema de equações lineares. Este é o caso, por exemplo, quando se deseja interpolar pontos conhecidos $[x_i, f(x_i)]$ ou ainda, quando o objetivo é ajustar estes pontos por um polinômio a partir do método de mínimos quadrados, casos estes que serão estudos nos Capítulos 6 e 7, respectivamente.

3.1 Introdução

Um sistema linear com n equações e n incógnitas é escrito usualmente na forma:

$$\begin{matrix} a_{11}x_1 + a_{12}x_2 + \cdots + a_{1n}x_n = b_1 \\ a_{21}x_1 + a_{22}x_2 + \cdots + a_{2n}x_n = b_2 \\ \vdots \quad \vdots \quad \vdots \quad \vdots \\ a_{n1}x_1 + a_{n2}x_2 + \cdots + a_{nn}x_n = b_n \end{matrix} \tag{3.1}$$

onde:

$$a_{ij} \Rightarrow \text{coeficientes} \begin{cases} i = 1,\ldots,n \\ j = 1,\ldots,n \end{cases}$$

$$x_j \Rightarrow \text{incógnitas} \quad \{ j = 1,\ldots,n$$

$$b_i \Rightarrow \text{constantes} \quad \{ i = 1,\ldots,n$$

O sistema (3.1) pode ser escrito na forma matricial:

$$A\vec{X} = \vec{B}$$

$$A = \begin{bmatrix} a_{11} & a_{12} & \cdots & a_{1n} \\ a_{21} & a_{22} & \cdots & a_{2n} \\ \vdots & \vdots & & \vdots \\ a_{n1} & a_{n2} & \cdots & a_{nn} \end{bmatrix}; \ \vec{B} = \begin{pmatrix} b_1 \\ b_2 \\ \vdots \\ b_n \end{pmatrix}; \ \vec{X} = \begin{pmatrix} x_1 \\ x_2 \\ \vdots \\ x_n \end{pmatrix}$$

O objetivo resume-se a encontrar o vetor solução $\vec{X}$ e isto será possível desde que a matriz A seja inversível, o que ocorrerá quando o determinante da mesma for diferente de zero. Nestes casos, a solução além de existir será única.

3.2 Métodos Diretos

Métodos diretos são aqueles que, a menos de erros de arredondamento ou truncamento, fornecem a solução exata (analítica) do sistema linear (caso ela exista), após um número finito de operações.

3.2.1 Resolução de Sistemas Triangulares

a) Sistemas Triangulares Superiores

Considera-se o sistema linear $A\vec{X} = \vec{B}$, com A nxn triangular superior e com elementos da diagonal diferentes de zero.

Exemplo para $n=3$:

$$\begin{bmatrix} a_{11} & a_{12} & a_{13} \\ 0 & a_{22} & a_{23} \\ 0 & 0 & a_{33} \end{bmatrix} \begin{pmatrix} x_1 \\ x_2 \\ x_3 \end{pmatrix} = \begin{pmatrix} b_1 \\ b_2 \\ b_3 \end{pmatrix}$$

A solução neste caso é imediata:

$$\begin{aligned} x_3 &= b_3 / a_{33} \\ x_2 &= (b_2 - a_{23}x_3) / a_{22} \\ x_1 &= (b_1 - a_{12}x_2 - a_{13}x_3) / a_{11} \end{aligned} \tag{3.2}$$

A partir do exemplo acima generaliza-se facilmente a solução para uma ordem n :

$$\begin{aligned} x_n &= b_n / a_{nn} \\ x_i &= \left(b_i - \sum_{j=i+1}^{n} a_{ij} x_j \right) \Big/ a_{ii} ;\ i = n-1,\dots,1 \end{aligned} \tag{3.3}$$

b) Sistema Triangular Inferior

Considera-se agora o sistema triangular inferior 3x3,

$$\begin{bmatrix} a_{11} & 0 & 0 \\ a_{21} & a_{22} & 0 \\ a_{31} & a_{32} & a_{33} \end{bmatrix} \begin{pmatrix} x_1 \\ x_2 \\ x_3 \end{pmatrix} = \begin{pmatrix} b_1 \\ b_2 \\ b_3 \end{pmatrix}$$

cuja solução imediata é:

$$\begin{aligned} x_1 &= b_1 / a_{11} \\ x_2 &= \left(b_2 - a_{21}x_1\right) / a_{22} \\ x_3 &= \left(b_3 - a_{31}x_1 - a_{32}x_2\right) / a_{33} \end{aligned}$$

Generalizando-se à ordem n tem-se:

$$x_1 = b_1 / a_{11}$$
$$x_i = \left(b_i - \sum_{j=1}^{i-1} a_{ij} x_j \right) \Big/ a_{ii} \; ; \quad i = 2,\ldots,n \tag{3.4}$$

De forma idêntica ao caso anterior, os elementos da diagonal principal também precisam ser diferentes de zero. As equações (3.3) e (3.4) são formas gerais fundamentais à construção de algoritmos para a solução de sistemas triangulares.

3.2.2 Método de Eliminação de Gauss

Também conhecido como escalonamento ou triangularização de Gauss, o objetivo deste método é triangularizar o sistema original de equações lineares $A\vec{X} = \vec{B}$ a partir de transformações lineares sobre o mesmo, encontrando-se assim um sistema equivalente $\widetilde{A}\vec{X} = \widetilde{\vec{B}}$ ($\widetilde{A}$ triangular).

Como o sistema $\widetilde{A}\vec{X} = \widetilde{\vec{B}}$ é equivalente ao $A\vec{X} = \vec{B}$, a solução de um é também solução do outro.

Considera-se o sistema:

$$A^{(0)}\vec{X} = \vec{B}^{(0)} \; ; \; \text{(sistema original)}$$

$$A = \begin{bmatrix} a_{11} & a_{12} & \cdots & a_{1n} \\ a_{21} & a_{22} & \cdots & a_{2n} \\ \vdots & \vdots & & \vdots \\ a_{n1} & a_{n2} & \cdots & a_{nn} \end{bmatrix}; \; B = \begin{pmatrix} b_1 \\ b_2 \\ \vdots \\ b_n \end{pmatrix}; \; \vec{X} = \begin{pmatrix} x_1 \\ x_2 \\ \vdots \\ x_n \end{pmatrix}$$

Monta-se inicialmente a matriz ampliada $A^{(0)}\big|\vec{B}^{(0)}$:

$$\begin{bmatrix} a_{11}^{(0)} & a_{12}^{(0)} & \cdots & a_{1n}^{(0)} & b_1^{(0)} \\ a_{21}^{(0)} & a_{22}^{(0)} & \cdots & a_{2n}^{(0)} & b_2^{(0)} \\ \vdots & \vdots & & \vdots & \vdots \\ a_{n1}^{(0)} & a_{n2}^{(0)} & \cdots & a_{nn}^{(0)} & b_n^{(0)} \end{bmatrix}$$

O processo de triangularização é dividido então em estágios, conforme indicado a seguir:

Estágio 1 ($a_{11} \neq 0$)

Objetivo: eliminar a incógnita x_1 da $2^{\underline{a}}$, $3^{\underline{a}}$, ... , $n^{\underline{a}}$ equação.

- subtrair da $2^{\underline{a}}$ equação a $1^{\underline{a}}$ multiplicada por $m_{21} = \dfrac{a_{21}^{(0)}}{a_{11}^{(0)}}$;

- subtrair da $3^{\underline{a}}$ equação a $1^{\underline{a}}$ multiplicada por $m_{31} = \dfrac{a_{31}^{(0)}}{a_{11}^{(0)}}$;

$\vdots$

- subtrair da $n^{\underline{a}}$ equação a $1^{\underline{a}}$ multiplicada por $m_{n1} = \dfrac{a_{n1}^{(0)}}{a_{11}^{(0)}}$;

Após o estágio 1 obtém-se a matriz ampliada $A^{(1)}\big|\vec{B}^{(1)}$:

$$\begin{bmatrix} a_{11}^{(1)} & a_{12}^{(1)} & \cdots & a_{1n}^{(1)} & b_1^{(1)} \\ 0 & a_{22}^{(1)} & \cdots & a_{2n}^{(1)} & b_2^{(1)} \\ \vdots & \vdots & & \vdots & \vdots \\ 0 & a_{n2}^{(1)} & \cdots & a_{nn}^{(1)} & b_n^{(1)} \end{bmatrix}$$

Estágio 2 ($a_{22} \neq 0$)

Objetivo: eliminar a incógnita x_2 da 3ª, 4ª, ... , nª equação.

- subtrair da 3ª equação a 2ª multiplicada por $m_{32} = \dfrac{a_{32}^{(1)}}{a_{22}^{(1)}}$;
- subtrair da 4ª equação a 2ª multiplicada por $m_{42} = \dfrac{a_{42}^{(1)}}{a_{22}^{(1)}}$;

  ⋮

- subtrair da nª equação a 2ª multiplicada por $m_{n2} = \dfrac{a_{n2}^{(1)}}{a_{22}^{(1)}}$;

Após o estágio 2 obtém-se a matriz ampliada $A^{(2)} \big| \vec{B}^{(2)}$:

$$\begin{bmatrix} a_{11}^{(2)} & a_{12}^{(2)} & a_{13}^{(2)} & \cdots & a_{1n}^{(2)} & b_1^{(2)} \\ 0 & a_{22}^{(2)} & a_{23}^{(2)} & \cdots & a_{2n}^{(2)} & b_2^{(2)} \\ 0 & 0 & a_{33}^{(2)} & \cdots & a_{3n}^{(2)} & b_3^{(2)} \\ 0 & 0 & a_{43}^{(2)} & & a_{4n}^{(2)} & b_4^{(2)} \\ \vdots & \vdots & \vdots & & \vdots & \vdots \\ 0 & 0 & a_{n3}^{(2)} & & a_{nn}^{(2)} & b_n^{(2)} \end{bmatrix}$$

Ao final do estágio n-1 tem-se $A^{(n-1)} \big| \vec{B}^{(n-1)}$,

$$\begin{bmatrix} a_{11}^{(n-1)} & a_{12}^{(n-1)} & a_{13}^{(n-1)} & \cdots & a_{1n}^{(n-1)} & b_1^{(n-1)} \\ 0 & a_{22}^{(n-1)} & a_{23}^{(n-1)} & \cdots & a_{2n}^{(n-1)} & b_2^{(n-1)} \\ 0 & 0 & a_{33}^{(n-1)} & \cdots & a_{3n}^{(n-1)} & b_3^{(n-1)} \\ 0 & 0 & 0 & & a_{4n}^{(n-1)} & b_4^{(n-1)} \\ \vdots & \vdots & \vdots & & \vdots & \vdots \\ 0 & 0 & 0 & & a_{nn}^{(n-1)} & b_n^{(n-1)} \end{bmatrix}$$

de forma que o sistema

$$A^{(n-1)}\vec{X} = \vec{B}^{(n-1)} \tag{3.5}$$

é triangular superior, cuja solução pode ser facilmente obtida utilizando-se a equação (3.3). Conforme explicado anteriormente, a solução do sistema (3.5) é também solução do sistema original, já que ambos são equivalentes.

Exemplo 3.1

Resolver o sistema de equações abaixo:

$$\begin{bmatrix} 6 & 2 & -1 \\ 2 & 4 & 1 \\ 3 & 2 & 8 \end{bmatrix} \begin{pmatrix} x_1 \\ x_2 \\ x_3 \end{pmatrix} = \begin{pmatrix} 7 \\ 7 \\ 13 \end{pmatrix}$$

Solução

Sistema ampliado:

$$\begin{bmatrix} 6 & 2 & -1 & 7 \\ 2 & 4 & 1 & 7 \\ 3 & 2 & 8 & 13 \end{bmatrix} \begin{matrix} L_1^{(0)} \\ L_2^{(0)} \\ L_3^{(0)} \end{matrix}$$

1º Estágio:

$$m_{21} = \frac{a_{21}^{(0)}}{a_{11}^{(0)}} = \frac{2}{6} = \frac{1}{3}$$

$$L_2^{(1)} = L_2^{(0)} - m_{21}L_1^{(0)}$$

$$\begin{array}{llll} [2 & 4 & 1 & 7] \\ [6 & 2 & -1 & 7] * (-1/3) \\ \hline [0 & 10/3 & 4/3 & 14/3] \end{array}$$

$$m_{31} = \frac{a_{31}^{(0)}}{a_{11}^{(0)}} = \frac{3}{6} = \frac{1}{2}$$

$$L_3^{(1)} = L_3^{(0)} - m_{31} L_1^{(0)}$$

$$\begin{array}{llll} [3 & 2 & 8 & 13] \\ [6 & 2 & -1 & 7]*(-1/2) \\ \hline [0 & 1 & 17/2 & 19/2] \end{array}$$

Ao final do primeiro estágio a matriz ampliada terá a forma:

$$\begin{bmatrix} 6 & 2 & -1 & 7 \\ 0 & 10/3 & 4/3 & 14/3 \\ 0 & 1 & 17/2 & 19/2 \end{bmatrix} \begin{matrix} L_1^{(1)} \\ L_2^{(1)} \\ L_3^{(1)} \end{matrix}$$

Segundo estágio:

$$m_{32} = \frac{a_{32}^{(1)}}{a_{22}^{(1)}} = \frac{1}{10/3} = \frac{3}{10}$$

$$L_3^{(2)} = L_3^{(1)} - m_{32} L_2^{(1)}$$

$$\begin{array}{llll} [0 & 1 & 17/2 & 19/2] \\ [0 & 10/3 & 4/3 & 14/3]*(-3/10) \\ \hline [0 & 0 & 81/10 & 81/10] \end{array}$$

Neste exemplo, após o segundo e último estágio, o sistema triangular resultante possui a forma:

$$\begin{bmatrix} a_{11}^{(2)} & a_{12}^{(2)} & a_{13}^{(2)} \\ 0 & a_{22}^{(2)} & a_{23}^{(2)} \\ 0 & 0 & a_{33}^{(2)} \end{bmatrix} \begin{pmatrix} x_1 \\ x_2 \\ x_3 \end{pmatrix} = \begin{pmatrix} b_1^{(2)} \\ b_2^{(2)} \\ b_3^{(2)} \end{pmatrix} \Rightarrow \begin{bmatrix} 6 & 2 & -1 \\ 0 & 10/3 & 4/3 \\ 0 & 0 & 81/10 \end{bmatrix} \begin{pmatrix} x_1 \\ x_2 \\ x_3 \end{pmatrix} = \begin{pmatrix} 7 \\ 14/3 \\ 81/10 \end{pmatrix}$$

cuja solução trivial é:

$$\begin{pmatrix} x_1 \\ x_2 \\ x_3 \end{pmatrix} = \begin{pmatrix} 1 \\ 1 \\ 1 \end{pmatrix}$$

3.2.3 Método de Fatoração *LU*

Considera-se o sistema linear $A\vec{X} = \vec{B}$. O processo de fatoração LU consiste na decomposição da matriz A em um produto de duas outras matrizes triangulares e em seguida, resolver dois sistemas triangulares que conduzirão à solução do sistema original:

$$A\vec{X} = \vec{B} \Rightarrow L\underbrace{U\vec{X}}_{\vec{Y}} = \vec{B} \;;\; \begin{cases} L \Rightarrow \text{Triangular inferior com diagonal unitária} \\ U \Rightarrow \text{Triangular superior} \end{cases}$$

$$\text{tem - se então dois sistemas triangulares :}$$

$$\begin{cases} L\vec{Y} = \vec{B} \\ U\vec{X} = \vec{Y} \end{cases}$$

Uma vez obtidas as matrizes LU, a resolução de novos sistemas lineares com diferentes vetores $\vec{B}$ e mesma matriz A é quase que imediata, necessitando apenas da resolução de dois sistemas triangulares. Esta é a principal motivação para se utilizar a fatoração LU.

A seguir, demonstra-se a obtenção das matrizes triangulares L e U. Considera-se inicialmente um sistema original de dimensão 3x3:

$$\begin{bmatrix} a_{11}^{(0)} & a_{12}^{(0)} & a_{13}^{(0)} \\ a_{21}^{(0)} & a_{22}^{(0)} & a_{23}^{(0)} \\ a_{31}^{(0)} & a_{32}^{(0)} & a_{33}^{(0)} \end{bmatrix} \begin{pmatrix} x_1 \\ x_2 \\ x_3 \end{pmatrix} = \begin{pmatrix} b_1^{(0)} \\ b_2^{(0)} \\ b_3^{(0)} \end{pmatrix} \Rightarrow A^{(0)}\vec{X} = \vec{B}^{(0)} \tag{3.6}$$

A matriz resultante após o primeiro estágio do método de eliminação de Gauss pode ser escrita sob a forma:

$$\begin{bmatrix} a_{11}^{(1)} & a_{12}^{(1)} & a_{13}^{(1)} \\ 0 & a_{22}^{(1)} & a_{23}^{(1)} \\ 0 & a_{32}^{(1)} & a_{33}^{(1)} \end{bmatrix} = \begin{bmatrix} 1 & 0 & 0 \\ -m_{21} & 1 & 0 \\ -m_{31} & 0 & 1 \end{bmatrix} \begin{bmatrix} a_{11}^{(0)} & a_{12}^{(0)} & a_{13}^{(0)} \\ a_{21}^{(0)} & a_{22}^{(0)} & a_{23}^{(0)} \\ a_{31}^{(0)} & a_{32}^{(0)} & a_{33}^{(0)} \end{bmatrix} \Rightarrow A^{(1)} = M^{(0)}A^{(0)} \tag{3.7}$$

onde

$$m_{21} = \frac{a_{21}^{(0)}}{a_{11}^{(0)}} \quad ; \quad m_{31} = \frac{a_{31}^{(0)}}{a_{11}^{(0)}}$$

A matriz após o segundo e neste caso último estágio pode, por sua vez, ser escrita sob a forma:

$$\begin{bmatrix} a_{11}^{(2)} & a_{12}^{(2)} & a_{13}^{(2)} \\ 0 & a_{22}^{(2)} & a_{23}^{(2)} \\ 0 & 0 & a_{33}^{(2)} \end{bmatrix} = \begin{bmatrix} 1 & 0 & 0 \\ 0 & 1 & 0 \\ 0 & -m_{32} & 1 \end{bmatrix} \begin{bmatrix} a_{11}^{(1)} & a_{12}^{(1)} & a_{13}^{(1)} \\ 0 & a_{22}^{(1)} & a_{23}^{(1)} \\ 0 & a_{32}^{(1)} & a_{33}^{(1)} \end{bmatrix} \Rightarrow A^{(2)} = M^{(1)}A^{(1)} \tag{3.8}$$

onde

$$m_{32} = \frac{a_{32}^{(1)}}{a_{22}^{(1)}}$$

As equações (3.7) e (3.8) permitem que se escreva:

$$A^{(2)} = M^{(1)} M^{(0)} A^{(0)} \tag{3.9}$$

Relembra-se que o objetivo é obter-se:

$$A = A^{(0)} = LU \tag{3.10}$$

Pode-se obter $A^{(0)}$ a partir da equação (3.9):

$$A^{(0)} = \underbrace{\left[M^{(1)} M^{(0)}\right]^{-1}}_{L} \underbrace{A^{(2)}}_{U} \tag{3.11}$$

Para este exemplo 3x3, as matrizes L e U possuem então as formas:

$$L = \left[M^{(0)}\right]^{-1}\left[M^{(1)}\right]^{-1} = \begin{bmatrix} 1 & 0 & 0 \\ m_{21} & 1 & 0 \\ m_{31} & 0 & 1 \end{bmatrix} \begin{bmatrix} 1 & 0 & 0 \\ 0 & 1 & 0 \\ 0 & m_{32} & 1 \end{bmatrix} = \begin{bmatrix} 1 & 0 & 0 \\ m_{21} & 1 & 0 \\ m_{31} & m_{32} & 1 \end{bmatrix}$$

$$U = \begin{bmatrix} a_{11}^{(2)} & a_{12}^{(2)} & a_{13}^{(2)} \\ 0 & a_{22}^{(2)} & a_{23}^{(2)} \\ 0 & 0 & a_{33}^{(2)} \end{bmatrix}$$

As matrizes L e U acima podem ser expandidas facilmente a uma ordem n:

$$L=\begin{bmatrix} 1 & 0 & 0 & \cdots & 0 \\ m_{21} & 1 & 0 & \cdots & 0 \\ m_{31} & m_{32} & 1 & \cdots & 0 \\ \vdots & \vdots & \vdots & & \vdots \\ m_{n1} & m_{n2} & m_{n3} & \cdots & 1 \end{bmatrix} \; ; \; U=\begin{bmatrix} a_{11}^{(n-1)} & a_{12}^{(n-1)} & a_{13}^{(n-1)} & \cdots & a_{1n}^{(n-1)} \\ 0 & a_{22}^{(n-1)} & a_{23}^{(n-1)} & \cdots & a_{2n}^{(n-1)} \\ 0 & 0 & a_{33}^{(n-1)} & \cdots & a_{3n}^{(n-1)} \\ \vdots & \vdots & \vdots & & \vdots \\ 0 & 0 & 0 & \cdots & a_{nn}^{(n-1)} \end{bmatrix} \tag{3.12}$$

Exemplo 3.2

Resolver o sistema linear abaixo empregando a fatoração LU

$$\begin{bmatrix} 6 & 2 & -1 \\ 2 & 4 & 1 \\ 3 & 2 & 8 \end{bmatrix}\begin{pmatrix} x_1 \\ x_2 \\ x_3 \end{pmatrix}=\begin{pmatrix} 7 \\ 7 \\ 13 \end{pmatrix}$$

Solução

Conforme visto no exemplo 3.1, a matriz U possui a forma:

$$U=\begin{bmatrix} a_{11}^{(2)} & a_{12}^{(2)} & a_{13}^{(2)} \\ 0 & a_{22}^{(2)} & a_{23}^{(2)} \\ 0 & 0 & a_{33}^{(2)} \end{bmatrix}=\begin{bmatrix} 6 & 2 & -1 \\ 0 & 10/3 & 4/3 \\ 0 & 0 & 81/10 \end{bmatrix}$$

A matriz L também pode ser montada a partir dos multiplicadores dos estágios do processo de eliminação de Gauss, visto no exemplo anterior:

$$L=\begin{bmatrix} 1 & 0 & 0 \\ m_{21} & 1 & 0 \\ m_{31} & m_{32} & 1 \end{bmatrix}=\begin{bmatrix} 1 & 0 & 0 \\ 1/3 & 1 & 0 \\ 1/2 & 3/10 & 1 \end{bmatrix}$$

O primeiro sistema triangular resolvido é o seguinte:

$$L\vec{Y} = \vec{B} \Rightarrow \begin{bmatrix} 1 & 0 & 0 \\ 1/3 & 1 & 0 \\ 1/2 & 3/10 & 1 \end{bmatrix} \begin{pmatrix} y_1 \\ y_2 \\ y_3 \end{pmatrix} = \begin{pmatrix} 7 \\ 7 \\ 13 \end{pmatrix} \Rightarrow \begin{pmatrix} y_1 \\ y_2 \\ y_3 \end{pmatrix} = \begin{pmatrix} 7 \\ 14/3 \\ 81/10 \end{pmatrix}$$

O segundo sistema triangular resolvido é o seguinte:

$$U\vec{X} = \vec{Y} \Rightarrow \begin{bmatrix} 6 & 2 & -1 \\ 0 & 10/3 & 4/3 \\ 0 & 0 & 81/10 \end{bmatrix} \begin{pmatrix} x_1 \\ x_2 \\ x_3 \end{pmatrix} = \begin{pmatrix} 7 \\ 14/3 \\ 81/10 \end{pmatrix} \Rightarrow \begin{pmatrix} x_1 \\ x_2 \\ x_3 \end{pmatrix} = \begin{pmatrix} 1 \\ 1 \\ 1 \end{pmatrix}$$

É importante observar que é necessário realizar a eliminação de Gauss para a obtenção das matrizes L e U, de forma que a real utilidade da fatoração seria em aplicações nas quais se deseja resolver vários sistemas lineares que tenham a mesma matriz A, mas com diferentes vetores $\vec{B}$.

3.3 Métodos Iterativos

3.3.1 Introdução

Em geral, os métodos iterativos são processos que fornecem de forma numérica a solução aproximada (função da precisão desejada) de um sistema de equações lineares. A principal vantagem dos métodos iterativos com relação aos diretos (analíticos) é a insensibilidade ao crescimento dos erros de truncamento. Exemplificando, há aplicações que necessitam da resolução de sistemas lineares com dez mil equações ou mais, principalmente na área de dinâmica de fluidos computacional. Cada operação tem o seu erro de truncamento, o qual contamina a próxima operação, de forma que, após muitos milhões de operações com a triangularização desses sistemas de alta ordem, a solução pode conter erros inaceitáveis, embora programada a partir de um método analítico. Sistemas com grande quantidade de equações são resolvidos apenas por métodos iterativos, que determinam a solução obedecendo à precisão preestabelecida, independentemente do número de operações efetuadas para se chegar a esta solução. As principais características dos métodos iterativos para a solução de sistemas de equações lineares são:

- Não há transformações lineares (o sistema original é mantido durante todo o processo);
- Relativa insensibilidade ao crescimento dos erros de truncamento ou arredondamento;
- Pode haver divergência, impedindo a obtenção de soluções mesmo para sistemas matematicamente determinados.

Conforme será visto na sequência deste capítulo, o Método da Iteração Linear (MIL) para zero de funções é a base fundamental dos métodos iterativos. Porém, no caso de sistemas de equações lineares, a equação básica do método passa a ser vetorial, na forma:

$$\vec{X}^{(k+1)} = \vec{\phi}\left(\vec{X}^{(k)}\right)$$

com $k = 1,2,3,\ldots$.

3.3.2 Método Iterativo de Gauss-Jacobi

Considera-se o sistema 3x3:

$$\begin{bmatrix} a_{11} & a_{12} & a_{13} \\ a_{21} & a_{22} & a_{23} \\ a_{31} & a_{32} & a_{33} \end{bmatrix} \begin{pmatrix} x_1 \\ x_2 \\ x_3 \end{pmatrix} = \begin{pmatrix} b_1 \\ b_2 \\ b_3 \end{pmatrix}$$

A solução neste caso poderia ser escrita na forma:

$$\left.\begin{aligned} x_1 &= [b_1 - a_{12}x_2 - a_{13}x_3]/a_{11} \\ x_2 &= [b_2 - a_{21}x_1 - a_{23}x_3]/a_{22} \\ \underbrace{x_3}_{\vec{X}} &= \underbrace{[b_3 - a_{31}x_1 - a_{32}x_2]/a_{33}}_{\vec{\phi}(\vec{X})} \end{aligned}\right\} \Rightarrow \vec{X} = \vec{\phi}(\vec{X}) \tag{3.13}$$

Aplicando-se o princípio do MIL tem-se:

$$\vec{X}^{(k+1)} = \phi\left(\vec{X}^{(k)}\right) \tag{3.14}$$

Finalmente, o Método de Gauss-Jacobi consiste na generalização das equações (3.13) até uma ordem n qualquer, sob a forma:

$$\begin{aligned} x_1^{(k+1)} &= \left[b_1 - a_{12}x_2^{(k)} - a_{13}x_3^{(k)} - \cdots - a_{1n}x_n^{(k)}\right]/a_{11} \\ x_2^{(k+1)} &= \left[b_2 - a_{21}x_1^{(k)} - a_{23}x_3^{(k)} - \cdots - a_{2n}x_n^{(k)}\right]/a_{22} \\ &\vdots \\ x_n^{(k+1)} &= \left[b_n - a_{n1}x_1^{(k)} - a_{n2}x_2^{(k)} - \cdots - a_{n,n-1}x_{n-1}^{(k)}\right]/a_{nn} \end{aligned} \tag{3.15}$$

Com o objetivo de construir um algoritmo para o método de Gauss-Jacobi, torna-se importante a obtenção de um termo geral que represente resumidamente as equações (3.15):

$$x_i^{(k+1)} = \left[b_i - \sum_{\substack{j=1 \\ j \neq i}}^{n} a_{ij} x_j^{(k)} \right] \Bigg/ a_{ii} \;\; ; \;\; i = 1, \ldots, n \;\; ; \;\; k = 0, 1, \ldots \tag{3.16}$$

Fica evidente que $a_{ii} \neq 0, \forall\ i = 1,\ldots,n$ é condição básica para a utilização do método.

a) Teste de Parada

É necessário um critério para interromper o processo iterativo quando a precisão for atingida, critério este que se está chamando de teste de parada, podendo ser o mesmo para qualquer método iterativo de solução de sistemas de equações lineares.

A opção pode ser a utilização do erro relativo para o teste de parada:

$$M_R^{(k+1)} = \frac{\max\limits_{1 \le i \le n} \left| x_i^{(k+1)} - x_i^{(k)} \right|}{\max\limits_{1 \le i \le n} \left| x_i^{(k)} \right|} \Rightarrow \begin{cases} \underline{\text{enquanto}}\ M_R^{(k+1)} \ge \text{precisão}\ \underline{\text{faça}} \\ \quad \text{continua - se o processo iterativo;} \\ \underline{\text{fim enquanto;}} \end{cases} \tag{3.17}$$

Pode-se utilizar também o erro absoluto, na forma:

$$M_R^{(k+1)} = \max\limits_{1 \le i \le n} \left| x_i^{(k+1)} - x_i^{(k)} \right| \Rightarrow \begin{cases} \underline{\text{enquanto}}\ M_R^{(k+1)} \ge \text{precisão}\ \underline{\text{faça}} \\ \quad \text{continua - se o processo iterativo;} \\ \underline{\text{fim enquanto;}} \end{cases} \tag{3.18}$$

b) Critério de Convergência (Critério das Linhas)

A convergência ou não dos métodos iterativos depende unicamente da matriz *A* do sistema, conforme indicado a seguir.

Define-se:

$$\alpha_i = \frac{\sum_{\substack{j=1 \\ j \neq i}}^{n} |a_{ij}|}{|a_{ii}|} \quad ; \quad i = 1, \ldots, n \tag{3.19}$$

$$\underline{\text{se}} \quad \max_{1 \le i \le n}(\alpha_i) < 1 \ \underline{\text{então}} \Rightarrow \left\{ \begin{array}{l} \text{o método de Gauss - Jacobi gera} \\ \text{uma sequência convergente,} \\ \text{independentemente da condição} \\ \text{inicial } \vec{X}^{(0)} \end{array} \right\}$$

Exemplo 3.3

Encontrar a solução do seguinte sistema utilizando o método de Gauss-Jacobi, com precisão 10^{-3}.

$$\begin{bmatrix} 5 & -1 & -3 \\ 2 & -10 & 1 \\ 1 & -2 & 6 \end{bmatrix} \begin{pmatrix} x_1 \\ x_2 \\ x_3 \end{pmatrix} = \begin{pmatrix} 1 \\ -7 \\ 5 \end{pmatrix}$$

Solução

Aplicando-se o critério das linhas:

$$\alpha_1 = \frac{|a_{12}| + |a_{13}|}{|a_{11}|} = \frac{4}{5}$$

$$\alpha_2 = \frac{|a_{21}| + |a_{23}|}{|a_{22}|} = \frac{3}{10}$$

$$\alpha_3 = \frac{|a_{31}| + |a_{32}|}{|a_{33}|} = \frac{1}{2}$$

$\max(\alpha_i) = \frac{4}{5} < 1$ e, portanto, o sistema é convergente. Da equação (3.15) tem-se:

$$
\begin{aligned}
x_1^{(k+1)} &= \left[b_1 - a_{12}x_2^{(k)} - a_{13}x_3^{(k)}\right]/a_{11} = \left[1 + x_2^{(k)} + 3x_3^{(k)}\right]/5 \\
x_2^{(k+1)} &= \left[b_2 - a_{21}x_1^{(k)} - a_{23}x_3^{(k)}\right]/a_{22} = \left[-7 - 2x_1^{(k)} - x_3^{(k)}\right]/(-10) \\
x_3^{(k+1)} &= \left[b_3 - a_{31}x_1^{(k)} - a_{32}x_2^{(k)}\right]/a_{33} = \left[5 - x_1^{(k)} + 2x_2^{(k)}\right]/6
\end{aligned}
$$

Quando a convergência é garantida, esta independe da escolha da condição inicial. Adotando-se $\vec{X}^{(0)} = \left[x_1^{(0)} \quad x_2^{(0)} \quad x_3^{(0)}\right]^T = \left[0.5 \quad 0.5 \quad 0.5\right]^T$ como condição inicial (o "*T*" significa transposto, indicando que se trata de um vetor coluna), a tabela abaixo reúne as sucessivas iterações:

k	$x_1^{(k+1)}$	$x_2^{(k+1)}$	$x_3^{(k+1)}$	$\max\limits_{1\leq i\leq 3}\left\lvert x_i^{(k+1)} - x_i^{(k)}\right\rvert$
0	0	0.85	0.916667	0.5
1	-0.18	0.791667	1.116667	0.2
2	-0.311666	0.775666	1.127222	0.131666
3	-0.3212	0.750389	1.143833	0.025278
4	-0.336222	0.750143	1.136996	0.015022
5	-0.332169	0.746455	1.139418	0.004053
6	-0.334359	0.747508	1.137513	0.002190
7	-0.333006	0.746879	1.138229	0.001353
8	-0.333561	0.747221	1.137794	0.000555

Em nove iterações a precisão (0.001) foi atingida, de forma que a solução aproximada desse sistema do exemplo é

$\vec{X} = \left[-0.333561 \quad 0.747221 \quad 1.137794\ \right]^T$. Observa-se que foi utilizado o erro absoluto $\max\limits_{1\leq i\leq 3}\left\lvert x_i^{(k+1)} - x_i^{(k)}\right\rvert$ como critério de parada. Outro teste de parada do processo iterativo poderia ser verificar quando $\max\left(\left|A\vec{X}^{(k+1)} - \vec{B}\right|\right)$ se torna menor do que a precisão. Porém, há um maior custo computacional e não há grande diferença com relação ao teste do erro absoluto.

O método de Gauss-Jacobi está implementado na função `gaussjac.m`, apresentada a seguir.

```
function [x,k]=gaussjac(a,b,p)
% x => vetor solução
% k => número de iterações
% a , b => matriz e vetor do sistema
% p => precisão
n=max(size(a));
k=0;
% início do teste de convergência
for i=1:n,
    x0(i)=0.5;          % geração da aproximação inicial
    s=0;
    for j=1:n,
        if j~=i,
            s=s+abs(a(i,j));
        end,
    end,
    alf(i)=s/abs(a(i,i));
end,

% início da aplicação do método de Gauss-Jacobi
if max(alf)<1,
    teste=1000;
    while teste>p,
        k=k+1;
        for i=1:n,
            s=0;
```

```
                for j=1:n,
                    if j~=i,
                        s=s+a(i,j)*x0(j);
                    end,
                end,
                x(i)=(b(i)-s)/a(i,i);
            end,
            teste=max(abs(x-x0));
            x0=x;
        end,
        x=x';
else
        x='não converge';
end,
```

3.3.4 O Método Iterativo de Gauss-Sidel

Ao observar a equação (3.15), o leitor notará que, ao se calcular $x_i^{(k+1)}$, os valores de $x_1^{(k+1)}$ até $x_{i-1}^{(k+1)}$ já são conhecidos e poderia questionar: por que não utilizá-los uma vez que são mais atualizados?

Esta é precisamente a única diferença entre os métodos de Gauss-Jacobi e Gauss-Sidel: este último utiliza os valores atualizados já conhecidos. Neste caso, o sistema de equações passa a ter a seguinte forma:

$$
\begin{aligned}
x_1^{(k+1)} &= \left[b_1 - a_{12}x_2^{(k)} - a_{13}x_3^{(k)} - \cdots - a_{1n}x_n^{(k)}\right]/a_{11} \\
x_2^{(k+1)} &= \left[b_2 - a_{21}x_1^{(k+1)} - a_{23}x_3^{(k)} - \cdots - a_{2n}x_n^{(k)}\right]/a_{22} \\
&\vdots \\
x_n^{(k+1)} &= \left[b_n - a_{n1}x_1^{(k+1)} - a_{n2}x_2^{(k+1)} - \cdots - a_{n,n-1}x_{n-1}^{(k+1)}\right]/a_{nn}
\end{aligned}
\qquad (3.20)
$$

Um termo geral para efeito de construção de um algoritmo pode ser deduzido a partir das equações (3.20):

$$x_i^{(k+1)} = \left[b_i - \sum_{j=1}^{i-1} a_{ij} x_j^{(k+1)} - \sum_{j=i+1}^{n} a_{ij} x_j^{(k)} \right] \Big/ a_{ii} \tag{3.21}$$

a) O Critério de Convergência (Critério de Sassenfeld)

Define-se inicialmente as seguintes constantes:

$$\begin{aligned}
\beta_1 &= \frac{|a_{12}| + |a_{13}| + \cdots + |a_{1n}|}{|a_{11}|} \\
\beta_2 &= \frac{|a_{21}|\beta_1 + |a_{23}| + \cdots + |a_{2n}|}{|a_{22}|} \\
&\vdots \\
\beta_i &= \frac{|a_{i1}|\beta_1 + |a_{i2}|\beta_2 + \cdots + |a_{i,i-1}|\beta_{i-1} + |a_{i,i+1}| + \cdots + |a_{in}|}{|a_{ii}|}
\end{aligned} \tag{3.22}$$

$$\underline{\text{se}} \quad \max_{1 \le i \le n}(\beta_i) < 1 \ \underline{\text{então}} \Rightarrow \left\{ \begin{array}{l} \text{o método de Gauss-Sidel gera} \\ \text{uma sequência convergente,} \\ \text{independentemente da condição} \\ \text{inicial } \vec{X}^{(0)} \end{array} \right\}$$

Exemplo 3.4

Encontrar a solução do sistema seguinte utilizando o método de Gauss-Sidel, com precisão 10^{-3}.

$$\begin{bmatrix} 5 & -1 & -3 \\ 2 & -10 & 1 \\ 1 & -2 & 6 \end{bmatrix} \begin{pmatrix} x_1 \\ x_2 \\ x_3 \end{pmatrix} = \begin{pmatrix} 1 \\ -7 \\ 5 \end{pmatrix}$$

Solução

Aplica-se o critério de Sassenfeld:

$$\beta_1 = \frac{|a_{12}| + |a_{13}|}{|a_{11}|} = \frac{4}{5}$$

$$\beta_2 = \frac{\beta_1 |a_{21}| + |a_{23}|}{|a_{22}|} = \frac{13}{50}$$

$$\beta_3 = \frac{\beta_1 |a_{31}| + \beta_2 |a_{32}|}{|a_{33}|} = \frac{33}{150}$$

$\max(\beta_i) = \dfrac{4}{5} < 1$ e, portanto, o sistema é convergente. Da equação (3.20) tem-se:

$$x_1^{(k+1)} = \left[b_1 - a_{12}x_2^{(k)} - a_{13}x_3^{(k)}\right]/a_{11} = \left[1 + x_2^{(k)} + 3x_3^{(k)}\right]/5$$
$$x_2^{(k+1)} = \left[b_2 - a_{21}x_1^{(k+1)} - a_{23}x_3^{(k)}\right]/a_{22} = \left[-7 - 2x_1^{(k+1)} - x_3^{(k)}\right]/(-10)$$
$$x_3^{(k+1)} = \left[b_3 - a_{31}x_1^{(k+1)} - a_{32}x_2^{(k+1)}\right]/a_{33} = \left[5 - x_1^{(k+1)} + 2x_2^{(k+1)}\right]/6$$

Quando a convergência é garantida, esta independe da escolha da condição inicial. Adotou-se $\vec{X}^{(0)} = \left[x_1^{(0)} \quad x_2^{(0)} \quad x_3^{(0)}\right]^T = \left[0.5 \quad 0.5 \quad 0.5\right]^T$ como condição inicial. A tabela abaixo reúne as sucessivas iterações:

k	$x_1^{(k+1)}$	$x_2^{(k+1)}$	$x_3^{(k+1)}$	$\max\limits_{1 \le i \le 3} \left\|x_i^{(k+1)} - x_i^{(k)}\right\|$
0	0	0.75	1.083333	0.583
1	-0.3	0.748333	1.132778	0.3
2	-0.33	0.747278	1.137426	0.03
3	-0.333	0.747142	1.137881	0.003
4	-0.3333	0.747128	1.137926	0.0003

Em cinco iterações a precisão (0.001) foi atingida, de forma que a solução aproximada desse sistema do exemplo é $\vec{X} = [-0.3333 \quad 0.747128 \quad 1.137926]^T$. Observa-se que foi utilizado o erro absoluto $\max_{1 \le i \le 3} \left| x_i^{(k+1)} - x_i^{(k)} \right|$ como critério de parada. Na subseção anterior, este mesmo problema foi resolvido com o Gauss-Jacobi, quando foram necessárias 9 iterações. Conclui-se, portanto, que o Gauss-Sidel possui maior rapidez de convergência para a solução, quando comparado ao Gauss-Jacobi.

O método de Gauss-Sidel está implementado na função `gausssid.m`, apresentada a seguir. O leitor pode perceber que são poucas as modificações com relação à função `gaussjac.m`.

```
function [x,k]=gausssid(a,b,p)
% x => vetor solução
% k => número de iterações
% a , b => matriz e vetor do sistema
% p => precisão
n=max(size(a));
k=0;
% início do teste de convergência
for i=1:n,
    x0(i)=0.5;     % geração da aproximação inicial
    s=0;
    for j=1:n,
        if j~=i,
            if j>i,
               s=s+abs(a(i,j));
            else
               s=s+bet(j)*abs(a(i,j));
            end,
        end,
```

```
        end,
        bet(i)=s/abs(a(i,i));
    end,
    % início da aplicação do método de Gauss-Sidel
    if max(bet)<1,
        x=x0;
        teste=1000;
        while teste>p,
            k=k+1;
            for i=1:n,
                s=0;
                for j=1:n,
                    if j~=i,
                        s=s+a(i,j)*x(j);
                    end,
                end,
                x(i)=(b(i)-s)/a(i,i);
            end,
            teste=max(abs(x-x0))
            x0=x
            pause
        end,
        x=x';
    else
        x='não converge';
    end,
```

3.4 Inversão de Matrizes

O problema de se inverter uma matriz nxn é extremamente simplificado ao se adotar a estratégia de transformá-lo em n problemas de solução de sistemas de equações lineares, conforme será demonstrado a seguir.

Sabe-se que:

$$AA^{-1} = I$$

onde

$A^{-1} \Rightarrow$ Inversa da matriz A ;

$I \Rightarrow$ Matriz identidade ;

No caso de uma matriz 3x3, pode-se escrever o seguinte:

$$\underbrace{\begin{bmatrix} a_{11} & a_{12} & a_{13} \\ a_{21} & a_{22} & a_{23} \\ a_{31} & a_{32} & a_{33} \end{bmatrix}}_{A} \underbrace{\begin{bmatrix} x_1^{(1)} & x_1^{(2)} & x_1^{(3)} \\ x_2^{(1)} & x_2^{(2)} & x_2^{(3)} \\ x_3^{(1)} & x_3^{(2)} & x_3^{(3)} \end{bmatrix}}_{A^{-1}} = \underbrace{\begin{bmatrix} 1 & 0 & 0 \\ 0 & 1 & 0 \\ 0 & 0 & 1 \end{bmatrix}}_{I} \tag{3.23}$$

Neste exemplo, encontrar A^{-1} resume-se a resolver três sistemas de equações lineares, podendo-se utilizar, por exemplo, o método de eliminação de Gauss:

$$\begin{gathered} \begin{bmatrix} a_{11} & a_{12} & a_{13} \\ a_{21} & a_{22} & a_{23} \\ a_{31} & a_{32} & a_{33} \end{bmatrix} \begin{pmatrix} x_1^{(1)} \\ x_2^{(1)} \\ x_3^{(1)} \end{pmatrix} = \begin{pmatrix} 1 \\ 0 \\ 0 \end{pmatrix} ; \\ \begin{bmatrix} a_{11} & a_{12} & a_{13} \\ a_{21} & a_{22} & a_{23} \\ a_{31} & a_{32} & a_{33} \end{bmatrix} \begin{pmatrix} x_1^{(2)} \\ x_2^{(2)} \\ x_3^{(2)} \end{pmatrix} = \begin{pmatrix} 0 \\ 1 \\ 0 \end{pmatrix} ; \\ \begin{bmatrix} a_{11} & a_{12} & a_{13} \\ a_{21} & a_{22} & a_{23} \\ a_{31} & a_{32} & a_{33} \end{bmatrix} \begin{pmatrix} x_1^{(3)} \\ x_2^{(3)} \\ x_3^{(3)} \end{pmatrix} = \begin{pmatrix} 0 \\ 0 \\ 1 \end{pmatrix} ; \end{gathered} \tag{3.24}$$

Desta forma, os vetores solução dos sistemas (3.24) correspondem às colunas da matriz A^{-1}. Conforme dito anteriormente, são necessárias n soluções de sistemas de equações lineares para se inverter uma matriz nxn .

3.5 Comentários Finais

É importante reter as seguintes observações:

- Métodos diretos (eliminação de Gauss, fatoração LU) permitem obter a solução de qualquer sistema não singular $(\det(A) \neq 0)$ de equações;

- Métodos iterativos (Gauss-Sidel, Gauss-Jacobi) têm convergência garantida apenas sob determinadas condições;

- Devido à insensibilidade dos métodos iterativos à propagação acumulativa dos erros de truncamento ou arredondamento, seria aconselhável utilizá-los (quando a convergência for garantida) em sistemas de alta ordem;

- Precauções devem ser tomadas com os chamados sistemas mal-condicionados, caracterizados por possuírem determinantes da matriz A próximos de zero. Nestes casos aconselha-se:

  a) A utilização de programação em precisão expandida;

b) Efetuar o seguinte processo iterativo:

$$\text{se}\ \det(A) \approx 0$$

$$\text{trabalha - se com:}$$

$$A\vec{X}^* = \vec{B} \Rightarrow \begin{cases} \text{encontra - se } \vec{X}^* \\ \text{(primeira aproximação)} \end{cases}$$

$$\text{multiplica - se } A \text{ por } \vec{X}^* \Rightarrow \{\text{encontra - se } \vec{B}^*$$

$$\text{monta - se a equação}$$

$$A\underbrace{\left(\vec{X} - \vec{X}^*\right)}_{\Delta\vec{X}} = \underbrace{\left(\vec{B} - \vec{B}^*\right)}_{\Delta\vec{B}}$$

$$\text{como } \Delta\vec{B} \text{ é conhecido} \Rightarrow \Delta\vec{X} \text{ é encontrado}$$

e portanto, $\vec{X} = \vec{X}^* + \Delta\vec{X}$ representa a princípio uma melhor aproximação para a solução procurada.

O processo acima pode ser repetido quantas vezes se fizerem necessárias.

Capítulo 4

Solução Numérica de Sistemas de Equações Não Lineares

A maioria dos sistemas de equações não lineares que aparecem em problemas reais de aplicação não permite solução analítica. Um caso típico é quando há a necessidade de se determinar pontos críticos de funções vetoriais não lineares. É necessário então recorrer-se quase que exclusivamente a métodos iterativos e alguns destes métodos são apresentados a seguir.

4.1 O Método de Newton

Considera-se o sistema não linear:

$$\begin{array}{l} f_1(x_1, x_2, \ldots, x_n) = 0 \\ f_2(x_1, x_2, \ldots, x_n) = 0 \\ \vdots \\ f_n(x_1, x_2, \ldots, x_n) = 0 \end{array} \qquad (4.1)$$

Define-se:

$$\begin{array}{l} \vec{X} = \left(x_1 \;\; x_2 \;\; \ldots \;\; x_n\right)^T; \\ \vec{F}(\vec{X}) = (f_1 \;\; f_2 \;\; \ldots \;\; f_n)^T; \end{array} \qquad (4.2)$$

O sistema (4.1) escrito de forma compacta torna-se:

$$\vec{F}(\vec{X}) = 0 \qquad (4.3)$$

Supondo-se a aproximação de número p conhecida,

$$\vec{X}^{(p)} = \left(x_1^{(p)} \;\; x_2^{(p)} \;\; \ldots \;\; x_n^{(p)}\right)^T$$

a solução $\vec{X}$ pode ser escrita sob a forma:

$$\vec{X} = \vec{X}^{(p)} + \vec{\varepsilon}^{(p)} \tag{4.4}$$

onde

$$\vec{\varepsilon}^{(p)} = \left(\varepsilon_1^{(p)} \ \varepsilon_2^{(p)} \ \dots \ \varepsilon_n^{(p)}\right)^T$$

corresponde ao erro cometido com a aproximação $\vec{X}^{(p)}$. Substituindo-se a equação (4.4) na (4.3) tem-se:

$$\vec{F}(\vec{X}^{(p)} + \vec{\varepsilon}^{(p)}) = 0 \tag{4.5}$$

Supondo-se $\vec{F}(\vec{X})$ continuamente derivável e expandindo-se (4.5) em torno de $\vec{X}^{(p)}$ até a primeira ordem tem-se:

$$\vec{F}(\vec{X}^{(p)} + \vec{\varepsilon}^{(p)}) = \vec{F}(\vec{X}^{(p)}) + F'(\vec{X}^{(p)})\vec{\varepsilon}^{(p)} = 0 \tag{4.6}$$

A equação (4.6) sob a forma desenvolvida torna-se:

$$\begin{aligned}
f_1(x_1^{(p)} + \varepsilon_1^{(p)},\dots,x_n^{(p)} + \varepsilon_n^{(p)}) &= f_1(x_1^{(p)},\dots,x_n^{(p)}) + \frac{\partial f_1(x_1^{(p)},\dots,x_n^{(p)})}{\partial x_1}\varepsilon_1^{(p)} + \\
&+ \frac{\partial f_1(x_1^{(p)},\dots,x_n^{(p)})}{\partial x_2}\varepsilon_2^{(p)} + \dots + \frac{\partial f_1(x_1^{(p)},\dots,x_n^{(p)})}{\partial x_n}\varepsilon_n^{(p)} = 0 \\
f_2(x_1^{(p)} + \varepsilon_1^{(p)},\dots,x_n^{(p)} + \varepsilon_n^{(p)}) &= f_2(x_1^{(p)},\dots,x_n^{(p)}) + \frac{\partial f_2(x_1^{(p)},\dots,x_n^{(p)})}{\partial x_1}\varepsilon_1^{(p)} + \\
&+ \frac{\partial f_2(x_1^{(p)},\dots,x_n^{(p)})}{\partial x_2}\varepsilon_2^{(p)} + \dots + \frac{\partial f_2(x_1^{(p)},\dots,x_n^{(p)})}{\partial x_n}\varepsilon_n^{(p)} = 0 \\
&\vdots \\
f_n(x_1^{(p)} + \varepsilon_1^{(p)},\dots,x_n^{(p)} + \varepsilon_n^{(p)}) &= f_n(x_1^{(p)},\dots,x_n^{(p)}) + \frac{\partial f_n(x_1^{(p)},\dots,x_n^{(p)})}{\partial x_1}\varepsilon_1^{(p)} + \\
&+ \frac{\partial f_n(x_1^{(p)},\dots,x_n^{(p)})}{\partial x_2}\varepsilon_2^{(p)} + \dots + \frac{\partial f_n(x_1^{(p)},\dots,x_n^{(p)})}{\partial x_n}\varepsilon_n^{(p)} = 0
\end{aligned}$$

A derivada $F'(\vec{X})$ da equação (4.6) corresponde à matriz jacobiana do sistema de equações $f_1, f_2, \ldots, f_n$ de variáveis $x_1, x_2, \ldots, x_n$:

$$F'(\vec{X}) = W\left(\vec{X}\right) = \begin{bmatrix} \frac{\partial f_1}{\partial x_1} & \frac{\partial f_1}{\partial x_2} & \cdots & \frac{\partial f_1}{\partial x_n} \\ \frac{\partial f_2}{\partial x_1} & \frac{\partial f_2}{\partial x_2} & \cdots & \frac{\partial f_2}{\partial x_n} \\ \vdots & \vdots & & \vdots \\ \frac{\partial f_n}{\partial x_1} & \frac{\partial f_n}{\partial x_2} & \cdots & \frac{\partial f_n}{\partial x_n} \end{bmatrix} \tag{4.7}$$

Considerando-se a equação (4.7), a equação (4.6) pode ser escrita sob a forma:

$$\vec{F}(\vec{X}^{(p)}) + W(\vec{X}^{(p)})\vec{\varepsilon}^{(p)} = 0 \tag{4.8}$$

Supondo-se $W\left(\vec{X}^{(p)}\right)$ com determinante não nulo pode-se escrever:

$$\vec{\varepsilon}^{(p)} = -W^{-1}(\vec{X}^{(p)})\vec{F}(\vec{X}^{(p)}) \tag{4.9}$$

Substituindo-se a equação (4.9) na (4.4) chega-se ao seguinte processo iterativo:

$$\vec{X}^{(p+1)} = \vec{X}^{(p)} - W^{-1}\left(\vec{X}^{(p)}\right)\vec{F}\left(\vec{X}^{(p)}\right)\ ;\ p = 0,1,2,\ldots \Rightarrow \{\text{Método de Newton} \tag{4.10}$$

$\vec{X}^{(0)}$ deve ser estipulado a priori.

Um possível teste de parada pode ser a partir do erro absoluto, na forma:

$$\text{parar quando: } \max\left(\left|\vec{X}^{(p+1)} - \vec{X}^{(p)}\right|\right) < precis\tilde{a}o$$

4.1.1 Convergência do Método de Newton

Considera-se o sistema de equações não lineares:

$$\vec{F}\left(\vec{X}\right)=0,\ \text{onde}\ \vec{F}\left(\vec{X}\right)\in C(D);\ D \Rightarrow \text{Domínio de validade.}$$

Seja $\vec{X}^{(0)}$ um ponto contido em *D*, com sua *H* vizinhança fechada:

$$U_H\left(\vec{X}^{(0)}\right)=\left\{\left\|\vec{X}-\vec{X}^{(0)}\right\|\leq H\right\}\subset D$$

As condições para a existência de convergência são as seguintes:

i) A inversa da matriz jacobiana

$$\tau_0 = W^{-1}\left(\vec{X}^{(0)}\right)$$

satisfaz à condição:

$$\left\|\tau_0\right\|\leq A_0$$

b) $$\left\|\tau_0\vec{F}\left(\vec{X}^{(0)}\right)\right\|\leq B_0\leq\frac{H}{2}$$

c) $$\sum_{k=1}^{n}\left|\frac{\partial^2 f_i\left(\vec{X}\right)}{\partial x_j\partial x_k}\right|\leq C\ ;\ \begin{cases}\text{para } i,j=1,2,\ldots,n\\ \vec{X}\in U_H\left(\vec{X}^{(0)}\right)\end{cases}$$

d) As constantes A_0, B_0 e C satisfazem à inequação :

$$\mu_0 = 2nA_0B_0C\leq 1\ .$$

Se as condições *a*),...,*d*) são satisfeitas, o domínio de raio $H=2B_0$ admite uma única solução do sistema $\vec{F}(\vec{X})=0$. Dependendo do sistema de equações, estas condições não são evidentes de se testar e, na prática, a probabilidade de haver convergência será ampliada se a condição inicial $\vec{X}^{(0)}$ for próxima da solução procurada $\vec{X}$.

4.1.2 Programação e Exemplo

O método de Newton para sistemas de equações não lineares está programado na função `newton_nl.m`, mostrada a seguir.

```
function [x,k]=newton_nl(x0,p)
% x => solução
% k => número de iterações
% x0 => aproximação inicial
% p => precisão
k=0;
teste=1000;
while teste>p,
    k=k+1;
    x=x0-inv(w(x0))*fnl(x0);
    teste=max(abs(x-x0));
    x0=x;
end,
```

Exemplo 4.1

Encontrar a solução do sistema de equações

$$f_1(x_1,x_2) = x_1 + 3\log(x_1) - x_2^2$$
$$f_2(x_1,x_2) = 2x_1^2 - x_1x_2 - 5x_1 + 1$$

com $\vec{X}^{(0)} = \left(x_1^{(0)} \quad x_2^{(0)}\right)^T = \left(3.4 \quad 2.2\right)^T$ como aproximação inicial.

Solução

A matriz Jacobiana desse sistema possui a forma:

$$W(\vec{X})=\begin{bmatrix}\frac{\partial f_1}{\partial x_1} & \frac{\partial f_1}{\partial x_2}\\ \frac{\partial f_2}{\partial x_1} & \frac{\partial f_2}{\partial x_2}\end{bmatrix}=\begin{bmatrix}1+\frac{3}{\ln(10)x_1} & -2x_2\\ 4x_1-x_2-5 & -x_1\end{bmatrix}$$

A função `newton_nl.m` chama as funções `w.m` e `fnl.m`, descritas abaixo:

```
function v=w(x)
   v(1,1)=1+3/(log(10)*x(1));
   v(1,2)=-2*x(2);
   v(2,1)=4*x(1)-x(2)-5;
   v(2,2)=-x(1);
```

```
function v=fnl(x)
   v(1)=x(1)+(3/(log(10)))*log(x(1))-x(2)^2;
   v(2)=2*x(1)^2-x(1)*x(2)-5*x(1)+1;
   v=v';
```

Observa-se que, no MATLAB, a função `log(x)` corresponde ao logaritmo natural, enquanto no exemplo o $\log(x_1)$ refere-se ao logaritmo de base decimal. Adotando-se 10^{-6} como precisão, a chamada da função `newton_nl.m` para a solução do problema poderia ser da seguinte forma:

```
x0=[3.4; 2.2];
p=1e-6;
[x,k]=newton_nl(x0,p)
```

A tabela seguinte reúne os valores numéricos das sucessivas iterações:

p	$x_1^{(p)}$	$x_2^{(p)}$	$\max\left(\left\|\vec{X}^{(p+1)}-\vec{X}^{(p)}\right\|\right)$
0	3.4	2.2	---
1	3.48991237	2.26336446	0.08991237

2	3.48744465	2.26162993	0.00246772
3	3.48744278	2.26162863	1.85e-06
4	3.48744278	2.26162863	1.05 e-12

A precisão foi atingida em apenas quatro iterações.

4.2 Método das Iterações Sucessivas

O Método da Iteração Linear (MIL) que foi aplicado a zero de funções (Capítulo 2) é a base deste método. Dado o sistema

$$\vec{F}(\vec{X}) = 0,$$

o objetivo é transformá-lo em

$$\vec{F}(\vec{X}) = \vec{X} - \vec{\phi}(\vec{X}) = 0 \qquad (4.11)$$

Estipulando-se $\vec{X}^{(0)}$, inicia-se então o processo iterativo:

$$\vec{X}^{(p+1)} = \vec{\phi}\left(\vec{X}^{(p)}\right), \; p = 0,1,2,... \qquad (4.12)$$

A equação (4.12) corresponde à aplicação do Método das Iterações Sucessivas à solução de sistemas de equações não lineares, no caso mais geral. A pergunta imediata que o leitor poderia fazer é a seguinte: como deve ser escolhida a função de iteração $\vec{\phi}(\vec{X})$?

Uma forma eficiente no sentido de facilitar a convergência do método consiste em reescrever a equação (4.11) sob a forma:

$$\vec{X} = \vec{X} + A\vec{F}(\vec{X}) = \vec{\phi}(\vec{X}) \qquad (4.13)$$

onde A é uma matriz não singular. Derivando-se a equação matricial (4.13) tem-se:

$$\vec{\phi}'(\vec{X}) = I + A\vec{F}'(\vec{X}) \tag{4.14}$$

O processo será convergente se $\vec{\phi}'(\vec{X})$ for pequeno em norma, fato que provoca a escolha

$$\vec{\phi}'(\vec{X}^{(0)}) = I + A\vec{F}'(\vec{X}^{(0)}) = 0 \tag{4.15}$$

e assim, a matriz A é obtida da equação (4.15) sob a forma:

$$A = -\left[\vec{F}'(\vec{X}^{(0)})\right]^{-1} = -\left[W(\vec{X}^{(0)})\right]^{-1} \equiv \text{constante} \tag{4.16}$$

onde $W(\vec{X}^{(0)})$ é a matriz jacobiana do sistema obtida para a aproximação $\vec{X}^{(0)}$. A combinação das equações (4.12), (4.13) e (4.16) permite que se escreva:

$$\vec{X}^{(p+1)} = \vec{X}^{(p)} - \left[W(\vec{X}^{(0)})\right]^{-1} \vec{F}(\vec{X}^{(p)}); \quad p = 0,1,2,... \tag{4.17}$$

O leitor é convidado a comparar as equações (4.17) e (4.10). Observar que o processo iterativo (4.17) corresponde ao Método de Newton modificado pelo fato de que a inversa da matriz jacobiana, neste caso, permanece constante, tendo sido obtida como função da aproximação inicial $\vec{X}^{(0)}$.

De maneira análoga ao Método da Iteração Linear para zeros de funções, o processo iterativo mais geral definido na equação (4.17) convergirá para uma solução se:

$$\text{para } \vec{X} \in \text{a um domínio } D, \text{ as inequações :} \quad \sum_{j=1}^{n} \left| \frac{\partial \phi_j(\vec{X})}{\partial x_i} \right| < 1, i = 1,2,\ldots,n \quad \text{são satisfeitas.} \tag{4.18}$$

O método das iterações sucessivas foi programado na função `mil_nl.m`, apresentada a seguir:

```
function [x,k]=mil_nl(x0,p)
% x => solução
% k => número de iterações
% x0 => aproximação inicial
% p => precisão
k=0;
teste=1000;
iw0=inv(w(x0));
while teste>p,
    k=k+1;
    x=x0-iw0*fnl(x0);
    teste=max(abs(x-x0))
    x0=x
end,
```

Exemplo 4.2

Resolver o mesmo problema anterior, ou seja, encontrar a solução do sistema de equações:

$$f_1(x_1,x_2) = x_1 + 3\log(x_1) - x_2^2$$
$$f_2(x_1,x_2) = 2x_1^2 - x_1x_2 - 5x_1 + 1$$

com $\vec{X}^{(0)} = \left(x_1^{(0)} \quad x_2^{(0)}\right)^T = (3.4 \quad 2.2)^T$ como aproximação inicial, utilizando 10^{-6} como precisão.

A tabela seguinte reúne os valores numéricos das sucessivas iterações:

p	$x_1^{(p)}$	$x_2^{(p)}$	$\max\left(\left\|\vec{X}^{(p+1)} - \vec{X}^{(p)}\right\|\right)$
0	3.4	2.2	---
1	3.48991237	2.26336446	0.089912
2	3.48730136	2.26152939	0.002611
3	3.48745077	2.26163422	1.4940e-4
4	3.48744233	2.26162831	8.4301e-6
5	3.48744281	2.26162865	4.7605e-7

Comparando-se este resultado com o anterior, percebe-se que houve apenas uma iteração a mais com o método das iterações sucessivas.

4.3 Método do Gradiente

Como nos casos anteriores, considera-se inicialmente o sistema de equações:

$$\vec{F}(\vec{X}) = 0 \Rightarrow \begin{cases} \vec{F}(\vec{X}) = \left[f_1(\vec{X}) \quad f_2(\vec{X}) \quad \cdots \quad f_n(\vec{X})\right]^T \\ \vec{X} = \left[x_1 \quad x_2 \quad \cdots \quad x_n\right]^T \end{cases} \tag{4.19}$$

Definindo-se a função

$$U(\vec{X}) = \vec{F}(\vec{X}).\vec{F}(\vec{X}) = \sum_{i=1}^{n} \left[f_i(\vec{X})\right]^2, \tag{4.20}$$

percebe-se que a solução da equação (4.19) anula a equação (4.20): o problema se resume então a encontrar o mínimo de $U(\vec{X})$ no espaço $E_n = (x_1, x_2, ..., x_n)$. Portanto, a solução pode ser procurada de forma iterativa, seguindo-se a mesma direção, mas com o sentido oposto ao vetor

$$\vec{\nabla} U(\vec{X}) = \begin{pmatrix} \frac{\partial U}{\partial x_1} & \frac{\partial U}{\partial x_2} & \cdots & \frac{\partial U}{\partial x_n} \end{pmatrix}^T , \qquad (4.21)$$

que corresponde ao gradiente de $U(\vec{X})$:

$$\vec{X}^{(p+1)} = \vec{X}^{(p)} - \lambda_p \vec{\nabla} U(\vec{X}^{(p)}); \; p = 0,1,2,... \qquad (4.22)$$

O processo iterativo da equação (4.22) é modulado pelo parâmetro λ_p que, basicamente, define o módulo do deslocamento na direção do gradiente, deslocamento este que deve ser no sentido contrário ao do vetor gradiente, conforme tenta ilustrar a Figura 4.1a, que contém uma função U e um vetor gradiente em $\vec{X}^{(p)}$, o qual é perpendicular a uma reta tangente à curva de nível da superfície U neste ponto $(x_1^{(p)} \quad x_2^{(p)})$. É importante observar que o gradiente de $U(\vec{X})$ aponta para regiões do domínio (o plano horizontal, neste exemplo) nas quais a função $U(\vec{X})$ cresce, de forma que, para convergir na busca do mínimo absoluto de $U(\vec{X})$, o processo iterativo tem que priorizar os deslocamentos das sucessivas aproximações $\vec{X}^{(p)}$ na mesma direção, mas em sentido contrário ao sentido do vetor gradiente. Uma sequência de quatro aproximações sucessivas pode ser vista na Figura 4.1b, da aproximação inicial $\vec{X}^{(0)}$ até a $\vec{X}^{(4)}$. Os seguimentos de reta em preto que unem as extremidades dos vetores soluções aproximadas correspondem aos vetores deslocamentos: $-\lambda_p \vec{\nabla} U\left(\vec{X}^{(p)}\right) = \vec{X}^{(p+1)} - \vec{X}^{(p)}$; $p = 0,1,2,3$. Quando o processo é convergente, a sequência de aproximações $\vec{X}^{(p)}$ busca o mínimo absoluto da função $U\left(\vec{X}\right)$, que por sua vez é solução do sistema de equações (4.19).

O exemplo da Figura 4.1 foi gerado para o seguinte sistema de equações:

$$f_1(x_1,x_2) = x_1 - 5 - 0.2(x_2 - 5)$$
$$f_2(x_1,x_2) = x_2 - 5 + 0.2(x_1 - 5)$$

O domínio escolhido foi de 0 a 10 nas duas dimensões do plano horizontal. A função $U\left(\vec{X}\right) = f_1^2(x_1,x_2) + f_2^2(x_1,x_2)$ se anula no ponto (5 , 5), que corresponde evidentemente à solução do sistema $\vec{F}\left(\vec{X}\right) = 0$.

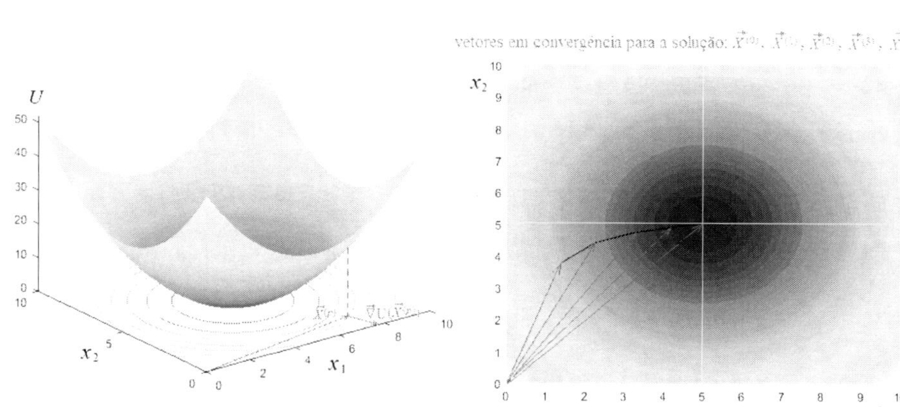

Figura 4.1 a) Superfície $U\left(\vec{X}\right)$; b) Curvas de nível da superfície $U\left(\vec{X}\right)$.

O leitor é convidado a observar como pode ser gerado o gradiente da função $U(\vec{X})$ deste exemplo que estamos seguindo:

$$\vec{\nabla} U(\vec{X}) = \left[\frac{\partial U}{\partial f_1}\frac{\partial f_1}{\partial x_1} + \frac{\partial U}{\partial f_2}\frac{\partial f_2}{\partial x_1}\right]\vec{i} + \left[\frac{\partial U}{\partial f_1}\frac{\partial f_1}{\partial x_2} + \frac{\partial U}{\partial f_2}\frac{\partial f_2}{\partial x_2}\right]\vec{j} = (2f_1 + 0.4f_2)\vec{i} + (2f_2 - 0.4f_1)\vec{j}$$

Calculando o vetor gradiente em cada ponto do domínio discreto adotado, pode ser gerado o campo gradiente, conforme visto na Figura 4.2. Percebe-se que os vetores gradiente em cada ponto do domínio apontam na direção de maior crescimento da função $U(\vec{X})$, sendo, portanto, natural escolher o processo iterativo buscando convergir para o mínimo absoluto desta função, forçando as aproximações sucessivas a percorrerem a mesma direção, mas em sentido oposto ao vetor gradiente no ponto relativo à iteração *p,* conforme preconiza a equação (4.22).

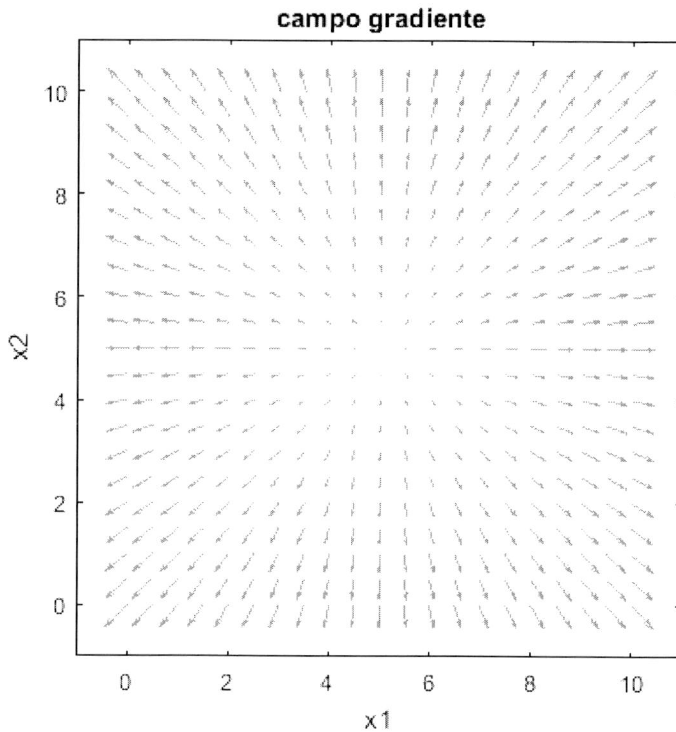

Figura 4.2 Campo gradiente do exemplo adotado.

Uma vez definido o processo iterativo (equação (4.22)), o esforço agora passa a ser a determinação do parâmetro λ que minimize a função $U(\vec{X})$. Define-se inicialmente a função:

$$\Phi(\lambda) = U\left(\vec{X}^{(p)} - \lambda \vec{\nabla} U\left(\vec{X}^{(p)}\right)\right) \tag{4.23}$$

O objetivo principal continua sendo minimizar a função $U(\vec{X})$ e, portanto, é natural que os parâmetros λ da equação (4.23) sejam escolhidos de forma tal que $\Phi(\lambda)$ seja mínimo, fato que permite escrever a equação:

$$\Phi'(\lambda)=\frac{dU\left(\vec{X}^{(p)}-\lambda\vec{\nabla}U\left(\vec{X}^{(p)}\right)\right)}{d\lambda}=0 \tag{4.24}$$

A partir das equações (4.20) e (4.23) chega-se à equação:

$$\Phi(\lambda)=\sum_{i=1}^{n}\left\{f_i\left[\vec{X}^{(p)}-\lambda\vec{\nabla}U\left(\vec{X}^{(p)}\right)\right]\right\}^2 \tag{4.25}$$

Expandindo-se f_i (conserva-se apenas a parte linear relativa à aproximação de primeira ordem) da equação (4.25) tem-se:

$$\Phi(\lambda)=\sum_{i=1}^{n}\left[f_i\left(\vec{X}^{(p)}\right)-\lambda\frac{\partial f_i\left(\vec{X}^{(p)}\right)}{\partial\vec{X}}\vec{\nabla}U\left(\vec{X}^{(p)}\right)\right]^2 \tag{4.26}$$

onde

$$\frac{\partial f_i\left(\vec{X}^{(p)}\right)}{\partial\vec{X}}=\left[\frac{\partial f_i\left(\vec{X}^{(p)}\right)}{\partial x_1}\quad\frac{\partial f_i\left(\vec{X}^{(p)}\right)}{\partial x_2}\quad\cdots\quad\frac{\partial f_i\left(\vec{X}^{(p)}\right)}{\partial x_n}\right]^T \tag{4.27}$$

Derivando-se a equação (4.26) com relação a λ encontra-se:

$$\Phi'(\lambda)=-2\sum_{i=1}^{n}\left[f_i\left(\vec{X}^{(p)}\right)-\lambda\frac{\partial f_i\left(\vec{X}^{(p)}\right)}{\partial\vec{X}}\vec{\nabla}U\left(\vec{X}^{(p)}\right)\right]\frac{\partial f_i\left(\vec{X}^{(p)}\right)}{\partial\vec{X}}\vec{\Delta}U\left(\vec{X}^{(p)}\right)=0 \tag{4.28}$$

Consequentemente, tem-se:

$$\lambda_p=\frac{\sum_{i=1}^{n}f_i\left(\vec{X}^{(p)}\right)\frac{\partial f_i\left(\vec{X}^{(p)}\right)}{\partial\vec{X}}\vec{\nabla}U\left(\vec{X}^{(p)}\right)}{\sum_{i=1}^{n}\left[\frac{\partial f_i\left(\vec{X}^{(p)}\right)}{\partial\vec{X}}\vec{\nabla}U\left(\vec{X}^{(p)}\right)\right]^2} \tag{4.29}$$

ou ainda

$$\lambda_p=\frac{\vec{F}\left(\vec{X}^{(p)}\right)W\left(\vec{X}^{(p)}\right)\vec{\nabla}U\left(\vec{X}^{(p)}\right)}{W\left(\vec{X}^{(p)}\right)\vec{\nabla}U\left(\vec{X}^{(p)}\right)W\left(\vec{X}^{(p)}\right)\vec{\nabla}U\left(\vec{X}^{(p)}\right)} \tag{4.30}$$

Considerando-se que

$$\frac{\partial U(\vec{X})}{\partial x_j} = \frac{\partial\left\{\sum_{i=1}^{n}\left[f_i(\vec{X})\right]^2\right\}}{\partial x_j} = 2\sum_{i=1}^{n} f_i(\vec{X})\frac{\partial f_i(\vec{X})}{\partial x_j} \tag{4.31}$$

o gradiente da função $U(\vec{X})$ pode ser escrito sob a forma:

$$\vec{\nabla}U(\vec{X}) = \begin{bmatrix} \sum_{i=1}^{n}\frac{\partial f_i(\vec{X})}{\partial x_1}f_i(\vec{X}) \\ \vdots \\ \sum_{i=1}^{n}\frac{\partial f_i(\vec{X})}{\partial x_n}f_i(\vec{X}) \end{bmatrix} = 2W^T(\vec{X})\vec{F}(\vec{X}) \tag{4.32}$$

onde $W^T(\vec{X})$ é a transposta da matriz jacobiana (equação (4.7)). Em razão da equação (4.32), a (4.30) pode ser reescrita na forma:

$$\mu_p = 2\lambda_p = \frac{\vec{F}^{(p)}.W_pW_p^T\vec{F}^{(p)}}{W_pW_p^T\vec{F}^{(p)}.W_pW_p^T\vec{F}^{(p)}} \tag{4.33}$$

Adotou-se $\vec{F}^{(p)} = \vec{F}(\vec{X}^{(p)})$; $W_p = W(\vec{X}^{(p)})$ para efeito de simplificação de notação.

Finalmente, as equações (4.32) e (4.33) fazem com que o processo iterativo da equação (4.22) fique sob a forma:

$$\vec{X}^{(p+1)} = \vec{X}^{(p)} - \mu_pW_p^T\vec{F}^{(p)} \tag{4.34}$$

O processo iterativo seria resumidamente o seguinte:

- Atribui-se uma aproximação inicial $\vec{X}^{(p)}$;
- Encontra-se $\vec{F}^{(p)}$ e W_p (equações (4.3) e (4.7)) ;
- Encontra-se μ_p (equação (4.33));

- Calcula-se $\vec{X}^{(p+1)}$ (equação (4.34));

Repete-se o processo acima para $p = 0,1,2,...$ até que $\vec{X}^{(p+1)}$ seja muito próximo de $\vec{X}^{(p)}$.

O método do gradiente foi programado na função `gradiente.m`, apresentada a seguir:

```
function [x,p]=gradiente(x0,prc)
% x => solução procurada
% p => número de iterações
% x0 => vetor com a aproximação inicial (vetor coluna)
% prc => precisão
p=0;
teste=1000;
while teste>prc,
    p=p+1;
    num=prodesc(fnl(x0),w(x0)*w(x0)'*fnl(x0));
    den=prodesc(w(x0)*w(x0)'*fnl(x0),w(x0)*w(x0)'*fnl(x0));
    m=num/den;
    x=x0-m*w(x0)'*fnl(x0);
    teste=max(abs(x-x0));
    x0=x;
end,
```

Esta função necessita de outra, que calcula o produto escalar entre dois vetores, mostrada a seguir:

```
function v=prodesc(x,y)
np=max(size(x));
v=0;
for i=1:np,
    v=v+x(i)*y(i);
end,
```

Exemplo 4.3

Resolver o mesmo problema do exemplo anterior, ou seja, encontrar a solução do sistema de equações:

$$f_1(x_1, x_2) = x_1 + 3\log(x_1) - x_2^2$$
$$f_2(x_1, x_2) = 2x_1^2 - x_1x_2 - 5x_1 + 1$$

com $\vec{X}^{(0)} = \begin{pmatrix} x_1^{(0)} & x_2^{(0)} \end{pmatrix}^T = \begin{pmatrix} 3.4 & 2.2 \end{pmatrix}^T$ como aproximação inicial, utilizando 10^{-6} como precisão.

Solução

As funções `w.m` e `fnl.m` já foram apresentadas anteriormente (subseção 4.1.2).

A chamada da função `gradiente.m` pode ser feita da seguinte forma:

```
x0=[3.4; 2.2];
p=1e-6;
[x,k]=gradiente(x0,p)
```

A tabela seguinte mostra parcialmente os resultados. Foram necessárias 27 iterações até que a precisão fosse atingida.

p	$x_1^{(p)}$	$x_2^{(p)}$	$\max\left(\left\lvert \vec{X}^{(p+1)} - \vec{X}^{(p)} \right\rvert\right)$
0	3.4	2.2	---
1	3.43753050	2.19022449	0.03753050
2	3.44866675	2.23430304	0.04407854
3	3.46535255	2.23001967	0.01668580
4	3.47029251	2.24953975	0.01952008
5	3.47767937	2.24765686	0.00738685

.	.	.	.
.	.	.	.
.	.	.	.
24	3.48743795	2.26162522	5.509e-6
25	3.48744003	2.26162469	2.084e-6
26	3.48744065	2.26162712	2.432e-6
27	3.48744157	2.26162689	9.204e-7

O número de 27 iterações com o método do gradiente foi muito superior ao verificado com os dois métodos anteriores. Apesar de mais lenta convergência, o método do gradiente apresenta uma maior robustez quanto à convergência numérica, com relação aos demais métodos, embora haja sempre o risco da convergência para um mínimo local e não para o mínimo absoluto da função $U(\vec{X})$.

Na Figura 4.3 são mostradas a superfície $U(\vec{X})$ (lado esquerdo) e o plano horizontal com as curvas de nível dessa superfície projetadas nesse plano, no qual há também a indicação do vetor solução com as raízes $\vec{X} = [\varepsilon_1 \quad \varepsilon_2]^T$ (em vermelho na tabela anterior).

Na Figura 4.4 vê-se o campo gradiente desse problema exemplo, no qual percebemos que os vetores apontam no sentido contrário à solução, que coincide com o mínimo absoluto da função $U(\vec{X})$. É interessante notar também que, nas proximidades da solução $\vec{X} = [\varepsilon_1 \quad \varepsilon_2]^T$, os módulos dos vetores gradiente são muito pequenos. Há uma importante interpretação para esse fenômeno, significando que, próximo à solução (raiz que anula a equação $\vec{F}(\vec{X}) = 0$), os módulos das derivadas direcionais da função $U(\vec{X})$ são pequenos, indicando que nessa região as taxas de variação do crescimento da função $U(\vec{X})$ têm pequenas amplitudes.

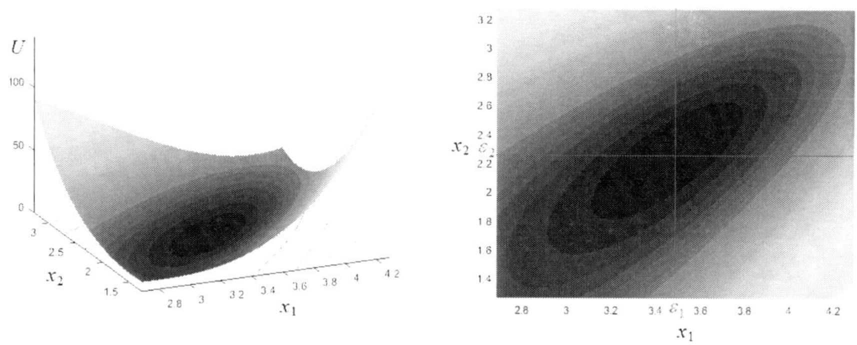

Figura 4.3 Superfície $U(\vec{X})$ e curvas de nível no domínio do plano horizontal ($x_1 x_2$), com as raízes ε_1 e ε_2 discriminadas a partir das retas em vermelho.

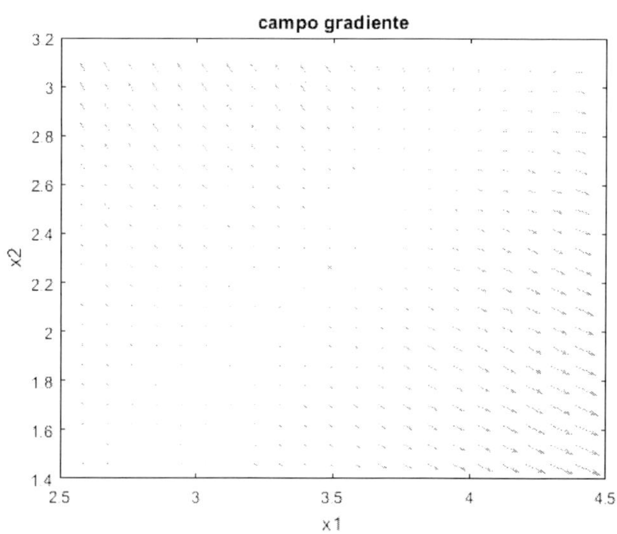

Figura 4.4 Campo gradiente para o problema do exemplo, com indicação da solução (x em vermelho).

Capítulo 5

Autovalores e Autovetores

5.1 Introdução

Autovalores e autovetores encontram grande utilização em problemas práticos de aplicação da matemática, principalmente na análise de estabilidade e desenvolvimento de controladores para sistemas dinâmicos. O problema do autovalor, conforme normalmente é dito na literatura, é postulado na seguinte forma:

Conhecendo-se uma matriz quadrada A nxn, o vetor $\vec{x}$ não nulo é dito autovetor associado ao autovalor λ se:

$$A\vec{x} = \lambda\vec{x} \tag{5.1}$$

Portanto,

$$(A - \lambda I)\vec{x} = 0 \tag{5.2}$$

onde I é a matriz identidade. A equação (5.2) só admite solução não nula se:

$$\det(A - \lambda I) = 0 \tag{5.3}$$

O desenvolvimento da equação (5.3) gera um polinômio de ordem n em λ, conhecido como polinômio característico da matriz A:

$$p_n(\lambda) = \begin{vmatrix} a_{11} - \lambda & a_{12} & \cdots & a_{1n} \\ a_{21} & a_{22} - \lambda & \cdots & a_{2n} \\ \vdots & \vdots & & \vdots \\ a_{n1} & a_{n2} & \cdots & a_{nn} - \lambda \end{vmatrix} \tag{5.4}$$

As raízes do polinômio característico $p_n(\lambda)$, $\lambda_1, \lambda_2, \ldots, \lambda_n$, são então os autovalores da matriz *A*, que podem ser reais, complexos, distintos ou múltiplos. Uma possível forma de se encontrar os autovalores de uma matriz é representada no esquema apresentado na Figura 5.1.

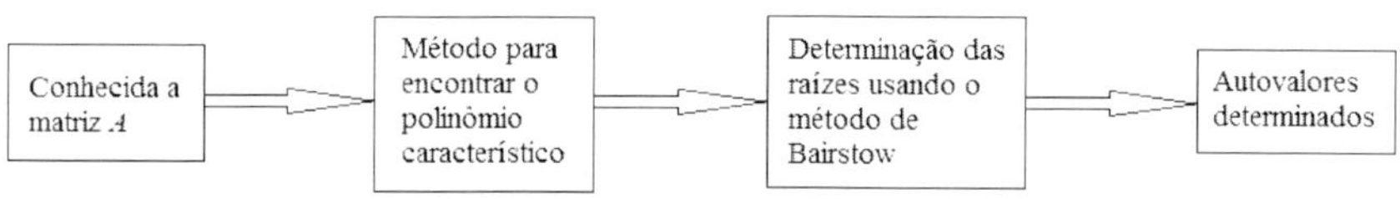

Figura 5.1 Esquema possível para a determinação dos autovalores de uma matriz.

5.2 Determinação dos Coeficientes do Polinômio Característico a partir do Método de Souriau

O método de Souriau é eficiente e fácil de implementar em computador. Deve ser lembrado inicialmente que o traço de uma matriz *A* de ordem *n*x*n* é definido como sendo o somatório dos elementos da sua diagonal principal:

$$Tr(A) = \sum_{i=1}^{n} a_{ii} \tag{5.5}$$

Sendo

$$p_n(\lambda) = \lambda^n + c_1\lambda^{n-1} + c_2\lambda^{n-2} + \cdots + c_{n-1}\lambda + c_n \tag{5.6}$$

o polinômio característico de uma matriz *A*, os coeficientes $c_i, i = 1, \ldots, n$ deste podem ser determinados a partir do seguinte algoritmo:

$$
\begin{aligned}
& A_1 = A \\
& c_1 = -Tr(A_1) \\
& \underline{\text{para}}\ k\ \underline{\text{de}}\ 2\ \underline{\text{até}}\ n\ \underline{\text{faça}} \\
& \quad A_k = (A_{k-1} + c_{k-1} I)A; \\
& \quad c_k = -\frac{1}{k} Tr(A_k); \\
& \underline{\text{fim para}};
\end{aligned}
\tag{5.7}
$$

O algoritmo simplificado (5.7) corresponde ao método de Souriau, implementado na função `souriau.m`, apresentada a seguir.

```
function c=souriau(A)
% A => matriz que se deseja calcular o polinômio
%      característico
% c => coeficientes do polinômio característico
n=max(size(A));
A1=A;
d(1)=-tr(A1);
for k=2:n,
    A2=(A1+d(k-1)*eye(n))*A;
    d(k)=-(1/k)*tr(A2);
    A1=A2;
end,
c=[1 d];
```

Esta função chama a função `tr.m`, responsável por calcular o traço de uma matriz:

```
function v=tr(A)
% A => matriz que se deseja calcular o seu traço
% v => traço da matriz A
n=max(size(A));
v=0;
for i=1:n,
```

```
      v=v+A(i,i);
end,
```

Estas funções, bem como as funções `raizes.m` e `bairstow.m` descritas anteriormente (Capítulo 3), permitem que se concentre a obtenção dos autovalores de uma matriz numa única e pequena função, `autovalores.m`, apresentada a seguir:

```
function v=autovalores(A)
% v => autovalores da matriz A
  c=souriau(A);
  v=raizes(c);
```

Exercício proposto 5.1

Desenvolver uma comprovação matemática do método de Souriau considerando uma matriz 3x3 e posterior expansão por indução a uma matriz *n*x*n*.

Exemplo 5.1

Obter o polinômio característico da seguinte matriz:

$$A = \begin{bmatrix} 1 & -1 & 2 \\ 4 & -2 & 3 \\ 2 & 1 & 9 \end{bmatrix}$$

Encontrar em seguida os autovalores utilizando o método de Bairstow.

Solução

Aplicando-se o algoritmo de Souriau a esta matriz encontra-se:

$$p_3(\lambda) = \lambda^3 - 8\lambda^2 - 14\lambda - 25$$

Utilizando-se o método de Bairstow tem-se as raízes, que correspondem aos autovalores da matriz A:

```
9.7075
-0.8537 + 1.3588i
-0.8537 - 1.3588i
```

Este resultado poderia ser obtido chamando diretamente a função `autovalores.m`, na forma:

```
A=[1 -1 2;4 -2 3;2 1 9];
aut=autovalores(A)
aut =
 -0.853740244422292 - 1.358845512041521i
 -0.853740244422292 + 1.358845512041521i
  9.707480488911346 + 0.000000000000000i
```

Exemplo 5.2

Determine os modos de vibração do seguinte sistema físico:

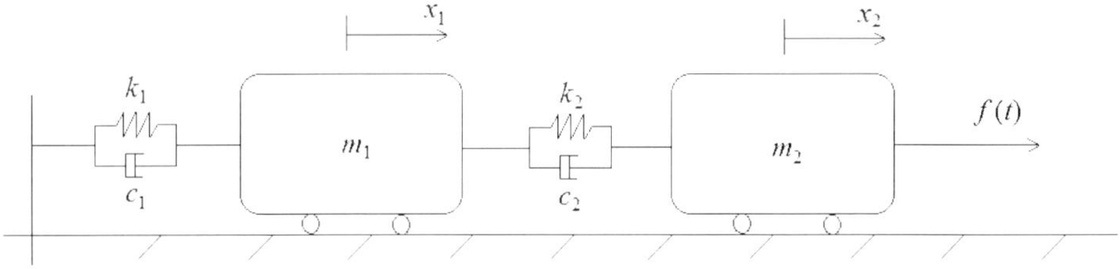

Solução

O modelo dinâmico desse sistema pode ser obtido a partir do formalismo de Euler-Lagrange ou do formalismo de Newton, consistindo em duas equações diferenciais de segunda ordem, na forma:

$$m_1\ddot{x}_1 + c_1\dot{x}_1 + c_2(\dot{x}_1 - \dot{x}_2) + k_1x_1 + k_2(x_1 - x_2) = 0$$
$$m_2\ddot{x}_2 + c_2(\dot{x}_2 - \dot{x}_1) + k_2(x_2 - x_1) = f(t)$$

Utilizando-se as definições:

$y_1 = x_1; y_2 = x_2; y_3 = \dot{x}_1; y_4 = \dot{x}_2$

Derivando-as com relação ao tempo, reduz-se o sistema à seguinte primeira ordem:

$$\dot{y}_1 = y_3$$
$$\dot{y}_2 = y_4$$
$$\dot{y}_3 = \frac{1}{m_1}\left[-(c_1 + c_2)y_3 + c_2 y_4 - (k_1 + k_2)y_1 + k_2 y_2\right]$$
$$\dot{y}_4 = \frac{1}{m_2}\left[f(t) - c_2(y_4 - y_3) - k_2(y_2 - y_1)\right]$$

Este sistema de primeira ordem pode ser escrito no seguinte formato matricial:

$$\dot{\vec{y}} = A\vec{y} + Bf(t)$$

com

$$A = \begin{bmatrix} 0 & 0 & 1 & 0 \\ 0 & 0 & 0 & 1 \\ \frac{-(k_1 + k_2)}{m_1} & \frac{k_2}{m_1} & \frac{-(c_1 + c_2)}{m_1} & \frac{c_2}{m_1} \\ \frac{k_2}{m_2} & \frac{-k_2}{m_2} & \frac{c_2}{m_2} & \frac{-c_2}{m_2} \end{bmatrix}; \quad B = \begin{pmatrix} 0 \\ 0 \\ 0 \\ \frac{1}{m_2} \end{pmatrix}$$

Os autovalores da matriz A contêm importantes informações sobre a dinâmica do sistema: partes reais associadas ao amortecimento e partes imaginárias às frequências do movimento oscilatório. Adotando-se os parâmetros:

$$m_1 = m_2 = 2kg; c_1 = c_2 = 0.35\frac{Ns}{m}; k_1 = k_2 = 20\frac{N}{m},$$

os autovalores desse sistema (saída da função `autovalores.m`) são obtidos digitando:

```
m1=2;m2=m1;c1=0.35;c2=c1;k1=20;k2=k1;
A1=[0 0 1 0];
A2=[0 0 0 1];
```

```
A3=[-(k1+k2)/m1 k2/m1 -(c1+c2)/m1 c2/m1];
A4=[k2/m2 -k2/m2 c2/m2 -c2/m2];
A=[A1;A2;A3;A4];
aut=autovalores(A)
aut =
  -0.0334 - 1.9541i
  -0.0334 + 1.9541i
  -0.2291 - 5.1115i
  -0.2291 + 5.1115i
```

Portanto, as partes imaginárias dos autovalores correspondem às frequências naturais amortecidas dos dois modos de vibração do sistema:

$w_1 = 1.9541 rd/s;\ w_2 = 5.1115 rd/s$.

5.3 Determinação dos Autovetores de uma Matriz

Quando os autovalores são distintos, o processo de se encontrar os autovetores é simplificado, resumindo-se à solução de sistemas de equações lineares. Supõe-se, por exemplo, que são conhecidos os autovalores λ_1, λ_2 e λ_3 distintos da matriz:

$$A = \begin{bmatrix} a_{11} & a_{12} & a_{13} \\ a_{21} & a_{22} & a_{23} \\ a_{31} & a_{32} & a_{33} \end{bmatrix}$$

A equação (5.2) escrita para um autovalor qualquer λ_i possui a forma:

$$(A - \lambda_i I)\vec{x}_i = 0 \tag{5.8}$$

O objetivo então é determinar o autovetor $\vec{x}_i$ associado ao autovalor λ_i . Por exemplo, considera-se a determinação do autovetor:

$$\vec{x}_1 = \begin{pmatrix} x_{11} \\ x_{21} \\ x_{31} \end{pmatrix} \tag{5.9}$$

Resolver diretamente o sistema homogêneo (5.8) não é possível uma vez que $\det(A - \lambda_i I) = 0$. Porém, atribuindo-se um valor a uma das componentes do autovetor procurado, a última por exemplo

$$x_{31} = 1,$$

o sistema (5.8) poderia ser escrito sob a forma:

$$\underbrace{\begin{bmatrix} a_{11} - \lambda_1 & a_{12} \\ a_{21} & a_{22} - \lambda_1 \\ a_{31} & a_{32} \end{bmatrix}}_{B_1} \underbrace{\begin{pmatrix} x_{11} \\ x_{21} \end{pmatrix}}_{\vec{x}_1^*} = \underbrace{\begin{pmatrix} -a_{13} \\ -a_{23} \\ -(a_{33} - \lambda_1) \end{pmatrix}}_{\vec{y}_1} \tag{5.10}$$

Pré-multiplicando-se ambos os termos da equação (5.10) por B_1^T tem-se:

$$B_1^T B_1 \vec{x}_1^* = B_1^T \vec{y}_1 \tag{5.11}$$

ou ainda,

$$\underbrace{\begin{bmatrix} a_{11} - \lambda_1 & a_{21} & a_{31} \\ a_{12} & a_{22} - \lambda_1 & a_{32} \end{bmatrix}}_{B_1^T} \underbrace{\begin{bmatrix} a_{11} - \lambda_1 & a_{12} \\ a_{21} & a_{22} - \lambda_1 \\ a_{31} & a_{32} \end{bmatrix}}_{B_1} \underbrace{\begin{pmatrix} x_{11} \\ x_{21} \end{pmatrix}}_{\vec{x}_1^*} = \underbrace{\begin{bmatrix} a_{11} - \lambda_1 & a_{21} & a_{31} \\ a_{12} & a_{22} - \lambda_1 & a_{32} \end{bmatrix}}_{B_1^T} \underbrace{\begin{pmatrix} -a_{13} \\ -a_{23} \\ -(a_{33} - \lambda_1) \end{pmatrix}}_{\vec{y}_1} \tag{5.12}$$

O vetor $\vec{x}_1^*$ pode ser obtido a partir da solução da equação (5.12) uma vez que, em geral, $\det\left(B_i^T B_i\right) \neq 0, \left(i = 1,\ldots,n\right)$. Portanto, o vetor $\vec{x}_1$ pode então ser composto sob a forma:

$$\vec{x}_1 = \begin{pmatrix} \vec{x}_1^* \\ 1 \end{pmatrix} = \begin{pmatrix} x_{11} \\ x_{21} \\ 1 \end{pmatrix} \tag{5.13}$$

O mesmo processo pode ser repetido agora para λ_2, encontrando-se $\vec{x}_2$ e λ_3, encontrando-se $\vec{x}_3$. Deve ser observado ainda que a obtenção dos autovetores, aqui exemplificada com dimensão 3, pode ser facilmente expandida a uma dimensão *n* qualquer.

Não foi abordado o caso especial de autovalores múltiplos (raízes do polinômio característico repetidas). Nestas situações, encontram-se os chamados autovetores generalizados, processo que pode ser encontrado em livros de álgebra linear.

Uma última observação é no sentido de alertar para a possível existência de casos em que o $\det\left(B_i^T B_i\right) \approx 0$ ou absolutamente igual a zero. Nestes casos, uma tentativa de solucionar o problema seria escolher outra componente do vetor $\vec{x}_i$ para se igualar a 1.

Capítulo 6

Interpolação Polinomial

6.1 Introdução

A observação de alguns fenômenos físicos possibilita às vezes a obtenção de dados na forma de uma tabela contendo um conjunto de pontos. Por exemplo, a temperatura (°C) em um determinado sistema poderia ser medida em função do tempo (segundos) gerando a tabela abaixo:

temperatura	84.8	81.2	73.9	60.5	48.3	36.9
tempo	0	10	20	30	40	50

Caso se deseje conhecer, por exemplo:

- a temperatura em 16 segundos,
- o tempo relativo a uma temperatura de 40.2 °C ,

a interpolação ou o ajuste de curvas poderiam responder de forma aproximada a estas questões.

Na sequência deste capítulo são apresentadas três formas de interpolação e, em todos os casos, o objetivo é a obtenção dos coeficientes do polinômio interpolador

$$p_n(x) = a_0 + a_1 x + a_2 x^2 + \cdots + a_n x^n , \tag{6.1}$$

que interliga os n+1 pontos conhecidos $[x_i, f(x_i)]$, conforme representado na Figura 6.1.

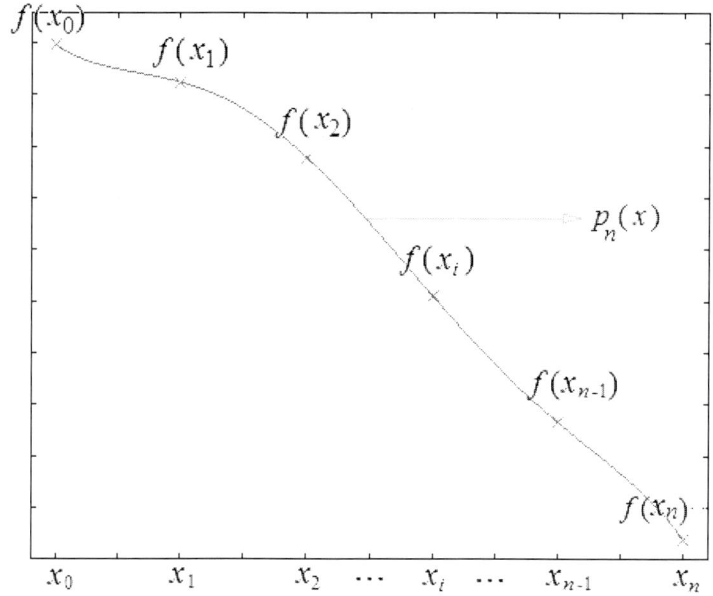

Figura 6.1 Representação gráfica de um polinômio de ordem *n* que interpola *n*+1 pontos.

6.2 Obtenção do Polinômio Interpolador a partir da Solução de um Sistema Linear de *n*+1 Equações e *n*+1 Incógnitas

Em todos os métodos de interpolação, a imposição básica é a seguinte:

$$p_n(x_k) = f(x_k), \quad \forall\, k = 0,1,\ldots,n \tag{6.2}$$

ou seja, objetiva-se representar uma função desconhecida (em sua totalidade) $f(x)$ a partir de um polinômio $p_n(x)$ e, pelo menos nos n+1 pontos conhecidos, a função e o polinômio devem ter os valores coincidentes (o polinômio de interpolação passa exatamente em cima dos pontos conhecidos $f(x_k), k = 0, 1, \ldots, n$).

A equação (6.2), quando aplicada aos $n+1$ pontos, gera o seguinte sistema de equações lineares:

$$\begin{aligned} &a_0 + a_1 x_0 + a_2 x_0^2 + \cdots + a_n x_0^n = f(x_0) \\ &a_0 + a_1 x_1 + a_2 x_1^2 + \cdots + a_n x_1^n = f(x_1) \\ &\vdots \\ &a_0 + a_1 x_n + a_2 x_n^2 + \cdots + a_n x_n^n = f(x_n) \end{aligned} \tag{6.3}$$

Escrevendo-se a equação (6.3) na forma matricial tem-se:

$$\underbrace{\begin{bmatrix} 1 & x_0 & x_0^2 & \cdots & x_0^n \\ 1 & x_1 & x_1^2 & \cdots & x_1^n \\ \vdots & \vdots & \vdots & \ddots & \vdots \\ 1 & x_n & x_n^2 & \cdots & x_n^n \end{bmatrix}}_{A} \underbrace{\begin{pmatrix} a_0 \\ a_1 \\ \vdots \\ a_n \end{pmatrix}}_{\vec{a}} = \underbrace{\begin{pmatrix} f(x_0) \\ f(x_1) \\ \vdots \\ f(x_n) \end{pmatrix}}_{\vec{f}} \tag{6.4}$$

Os coeficientes $a_0, a_1, \ldots, a_n$ são então encontrados a partir da solução do sistema de equações lineares:

$$A\vec{a} = \vec{f} \tag{6.5}$$

onde:

$A \Rightarrow$ Matriz de Vandermonde (formada com as abcissas dos pontos)

$\vec{a} \Rightarrow$ Vetor de incógnitas (coeficientes do polinômio)

$\vec{f} \Rightarrow$ Vetor conhecido (ordenada dos pontos)

Se as abcissas dos pontos forem diferentes entre si, o determinante da matriz A será diferente de zero e, portanto, o sistema (6.5) terá solução e esta será única, o que implica no fato de que qualquer outro método de interpolação resultará no mesmo polinômio.

O método de interpolação por solução de um sistema de equações lineares foi implementado na função `polint.m`, apresentada a seguir:

```
function a=polint(x,fx)
% a => coeficientes do polinômio
% [x,fx] => pontos conhecidos
nc=max(size(x)); % número de coeficientes
for i=1:nc,
    for j=1:nc,
        A(i,j)=x(i)^(j-1);
    end,
end,
a=inv(A)*fx;
```

Exemplo 6.1

Encontrar o polinômio que interpola os seguintes pontos:

$f(x)$	4	1	-1
x	-1	0	2

Solução

$$\begin{bmatrix} 1 & x_0 & x_0^2 \\ 1 & x_1 & x_1^2 \\ 1 & x_2 & x_2^2 \end{bmatrix} \begin{pmatrix} a_0 \\ a_1 \\ a_2 \end{pmatrix} = \begin{pmatrix} f(x_0) \\ f(x_1) \\ f(x_2) \end{pmatrix} \Rightarrow \begin{bmatrix} 1 & -1 & 1 \\ 1 & 0 & 0 \\ 1 & 2 & 4 \end{bmatrix} \begin{pmatrix} a_0 \\ a_1 \\ a_2 \end{pmatrix} = \begin{pmatrix} 4 \\ 1 \\ -1 \end{pmatrix}$$

Resolvendo-se o sistema de equações lineares:

$$\begin{pmatrix} a_0 \\ a_1 \\ a_2 \end{pmatrix} = \begin{pmatrix} 1 \\ -7/3 \\ 2/3 \end{pmatrix}$$

Portanto, o polinômio que interpola os pontos tem a seguinte forma:

$$p_2(x) = \frac{2}{3}x^2 - \frac{7}{3}x + 1$$

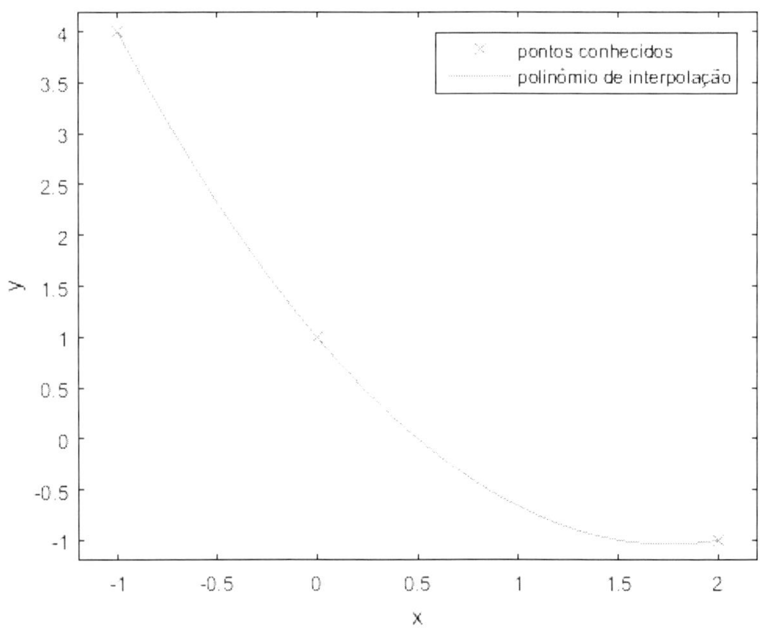

Figura 6.2 Pontos conhecidos e o polinômio de interpolação do exemplo 6.1.

6.3 Forma de Interpolação de Lagrange

A forma de Lagrange apresenta o polinômio interpolador de grau n como sendo uma combinação de $n+1$ outros polinômios:

$$p_n(x) = y_0 L_0(x) + y_1 L_1(x) + \cdots + y_n L_n(x) \tag{6.6}$$

onde

$y_i = f(x_i), (i = 0,1,\ldots,n) \Rightarrow$ ordenada dos pontos conhecidos;

$L_k(x), (k = 0,1,\ldots,n) \Rightarrow$ polinômios de grau $\leq n$.

O objetivo agora passa a ser a obtenção dos polinômios $L_k(x)$ e para tanto, a condição representada na equação (6.2) será fundamental. Considerando-se um ponto (x_i, y_i) qualquer, tem-se de acordo com a equação (6.2) a seguinte igualdade:

$$p_n(x_i) = y_0 L_0(x_i) + y_1 L_1(x_i) + \cdots + y_i L_i(x_i) + \cdots y_n L_n(x_i) = y_i \qquad (6.7)$$

Para que a equação (6.7) seja satisfeita, a condição seguinte é naturalmente imposta:

$$L_k(x_i) = \begin{cases} 0 \text{ se } k \neq i \\ 1 \text{ se } k = i \end{cases} \qquad (6.8)$$

Os polinômios $L_k(x)$ devem ser escolhidos de forma que a equação (6.8) seja satisfeita, fato que induz à seguinte forma:

$$L_k(x) = \frac{(x - x_0)(x - x_1)\cdots(x - x_{k-1})(x - x_{k+1})\cdots(x - x_n)}{(x_k - x_0)(x_k - x_1)\cdots(x_k - x_{k-1})(x_k - x_{k+1})\cdots(x_k - x_n)} \qquad (6.9)$$

Observar que para $x = x_k$, o numerador e o denominador da equação (6.9) são iguais, enquanto que para $x = x_i, i \neq k$, o numerador se anula, o que está plenamente de acordo com a equação (6.8).

Pode-se finalmente resumir a forma de interpolação de Lagrange no seguinte termo genérico:

$$p_n(x) = \sum_{k=0}^{n} y_k L_k(x)$$

$$L_k(x) = \frac{\prod_{\substack{j=0 \\ j \neq k}}^{n} (x - x_j)}{\prod_{\substack{j=0 \\ j \neq k}}^{n} (x_k - x_j)} \tag{6.10}$$

Exemplo 6.2

Encontrar o polinômio interpolador do exemplo 6.1 usando a forma de Lagrange.

Solução

Como são três pontos, o polinômio interpolador é de segunda ordem e a equação (6.6) é escrita na forma:

$$p_2(x) = y_0 L_0(x) + y_1 L_1(x) + y_2 L_2(x)$$

Neste exemplo, tem-se:

$$x_0 = -1; x_1 = 0; x_2 = 2; \qquad y_0 = 4; y_1 = 1; y_2 = -1;$$

As funções $L_k(x), k = 0,1,2$ são obtidas a partir da equação (6.9):

$$L_0(x) = \frac{(x - x_1)(x - x_2)}{(x_0 - x_1)(x_0 - x_2)} = \frac{(x - 0)(x - 2)}{(-1 - 0)(-1 - 2)} = \frac{x^2 - 2x}{3}$$

$$L_1(x) = \frac{(x - x_0)(x - x_2)}{(x_1 - x_0)(x_1 - x_2)} = \frac{(x - (-1))(x - 2)}{(0 - (-1))(0 - 2)} = \frac{x^2 - x - 2}{-2}$$

$$L_2(x) = \frac{(x - x_0)(x - x_1)}{(x_2 - x_0)(x_2 - x_1)} = \frac{(x - (-1))(x - 0)}{(2 - (-1))(2 - 0)} = \frac{x^2 + x}{6}$$

Substituindo-se as funções $L_k(x), k = 0,1,2$ no polinômio de segunda ordem tem-se:

$$p_2(x) = 4\frac{(x^2 - 2x)}{3} - \frac{(x^2 - x - 2)}{2} - \frac{(x^2 + x)}{6} = \frac{2}{3}x^2 - \frac{7}{3}x + 1$$

Evidentemente, o polinômio é o mesmo encontrado no exemplo 6.1.

6.4 Forma de Interpolação de Newton

Conhecidos $n+1$ pontos distintos $\{(x_0, f(x_0)), (x_1, f(x_1)), \ldots, (x_n, f(x_n))\}$, o polinômio que interpola estes pontos e que é obtido a partir da forma de Newton é o seguinte:

$$\begin{aligned} p_n(x) = {} & f(x_0) + (x - x_0)F[x_0, x_1] + (x - x_0)(x - x_1)F[x_0, x_1, x_2] + \cdots \\ & + (x - x_0)(x - x_1)\cdots(x - x_{n-1})F[x_0, x_1, \ldots, x_n] \end{aligned} \tag{6.11}$$

onde:

$$F[x_0] = f(x_0),$$
$$F[x_0, x_1],\ F[x_0, x_1, x_2], \ldots, F[x_0, x_1, \ldots, x_{n-1}]$$

são constantes obtidas em função dos pontos conhecidos, intituladas operadores diferenças divididas e que guardam uma importante interpretação física, conforme será visto a seguir.

6.4.1 Operadores Diferenças Divididas

Seja $f(x)$ uma função tabelada em

$x_0, x_1, \ldots, x_n$ $(n+1 \text{ pontos distintos})$. Define-se o operador diferenças divididas da seguinte forma:

$$F[x_0] = f(x_0) \Rightarrow \text{ordem zero};$$

$$F[x_0, x_1] = \frac{F[x_1] - F[x_0]}{x_1 - x_0} = \frac{f(x_1) - f(x_0)}{x_1 - x_0} \Rightarrow \text{ordem } 1;$$

$$F[x_0, x_1, x_2] = \frac{F[x_1, x_2] - F[x_0, x_1]}{x_2 - x_0} \Rightarrow \text{ordem } 2; \tag{6.12}$$

$$\vdots \qquad\qquad \vdots$$

$$F[x_0, x_1, \ldots, x_k] = \frac{F[x_1, x_2, \ldots, x_k] - F[x_0, x_1, \ldots, x_{k-1}]}{x_k - x_0} \Rightarrow \text{ordem } k;$$

Diz-se então que $F[x_0, x_1, \ldots, x_k]$ é a diferença dividida de ordem k da função $f(x)$ sobre os pontos $x_0, x_1, \ldots, x_k$. É importante observar que o operador diferenças divididas é na realidade aproximações discretas de derivadas da função $f(x)$, aproximações estas construídas a partir dos pontos conhecidos desta função:

$$\text{ordem zero} \Rightarrow F[x_i] = f(x_i) \Rightarrow \text{a própria função};$$

$$\begin{cases} \text{derivada de ordem 1} \Rightarrow \left(f'(x)\right)_{x=x_{i+1}} = \lim\limits_{x_i \to x_{i+1}} \dfrac{f(x_{i+1}) - f(x_i)}{x_{i+1} - x_i} \\ \text{dif. dividida de ordem 1} \Rightarrow F[x_i, x_{i+1}] = \dfrac{f(x_{i+1}) - f(x_i)}{x_{i+1} - x_i} \end{cases}$$

As relações acima induzem a interpretar uma diferença dividida de ordem k como sendo a aproximação discreta da $k$ésima derivada de $f(x)$, obtida a partir de k+1 pontos conhecidos desta função. Esta interpretação será importante para se determinar uma estimativa dos erros cometidos quando se aproxima uma função por um polinômio interpolador. A tabela seguinte, obtida empregando-se as equações (6.12), auxilia a obtenção sucessiva das diferenças divididas.

x	ordem					
	0	1	2	3	...	n
x_0	$f(x_0)$					
		$F[x_0,x_1]$				
x_1	$f(x_1)$		$F[x_0,x_1,x_2]$			
		$F[x_1,x_2]$		$F[x_0,x_1,x_2,x_3]$		
x_2	$f(x_2)$		$F[x_1,x_2,x_3]$			
		$F[x_2,x_3]$		$F[x_1,x_2,x_3,x_4]$		$F[x_0,x_1,\ldots,x_n]$
x_3	$f(x_3)$		$F[x_2,x_3,x_4]$	$\vdots$		
		$F[x_3,x_4]$	$\vdots$	$F[x_{n-3},x_{n-2},x_{n-1},x_n]$		
x_4	$f(x_4)$	$\vdots$	$F[x_{n-2},x_{n-1},x_n]$			
$\vdots$		$F[x_{n-1},x_n]$				
x_n	$f(x_n)$					

Observar que a construção da tabela acima é extremamente simples: a partir dos valores de x_i e das diferenças divididas de ordem zero, as de ordem 1 são obtidas e assim as de ordem 2 até n.

Exemplo 6.3

Encontrar o polinômio interpolador do exemplo anterior usando a forma de Newton.

Solução:

Neste exemplo, tem-se:

$$x_0 = -1; x_1 = 0; x_2 = 2; \qquad f(x_0) = 4; f(x_1) = 1; f(x_2) = -1;$$

O polinômio de segunda ordem obtido com a equação (6.11) assume a forma:

$$p_2(x) = f(x_0) + (x - x_0)F[x_0, x_1] + (x - x_0)(x - x_1)F[x_0, x_1, x_2]$$

A tabela com os operadores diferenças divididas é construída na forma:

x	ordem		
	0	1	2
x_0	$f(x_0)$		
		$F[x_0, x_1]$	
x_1	$f(x_1)$		$F[x_0, x_1, x_2]$
		$F[x_1, x_2]$	
x_2	$f(x_2)$		

⟹

x	ordem		
	0	1	2
-1	4		
		$\frac{1-4}{0-(-1)} = -3$	
0	1		$\frac{-1-(-3)}{2-(-1)} = \frac{2}{3}$
		$\frac{-1-1}{2-0} = -1$	
2	-1		

Substituindo-se os pontos e as diferenças divididas (marcadas em vermelho na tabela acima) no polinômio de segunda ordem tem-se:

$$p_2(x) = 4 + (x - (-1))(-3) + (x - (-1))(x - 0)\frac{2}{3} = \frac{2}{3}x^2 - \frac{7}{3}x + 1$$

Evidentemente, trata-se do mesmo polinômio obtido com os métodos anteriores.

6.4.2 Comprovação Matemática da Equação Principal do Método de Newton (Equação (6.11))

Caso existisse um único ponto conhecido $[x_0, f(x_0)]$, evidentemente não haveria interpolação a não ser neste ponto:

$$p_0(x) = f(x_0) \tag{6.13}$$

Considerando-se $x \neq x_0$ tem-se:

$$F[x_0, x] = \frac{F[x] - F[x_0]}{x - x_0} = \frac{f(x) - f(x_0)}{x - x_0} \tag{6.14}$$

Da equação (6.14) pode ser escrito:

$$f(x) = \underbrace{f(x_0)}_{p_0(x)} + \underbrace{(x - x_0)F[x_0, x]}_{E_0(x)} \tag{6.15}$$

onde $E_0(x)$ corresponde ao erro cometido ao se aproximar $f(x)$ por $p_0(x)$.

Antes de dar prosseguimento, é importante que o leitor conheça uma propriedade das diferenças divididas, que consiste no seguinte:

exemplo :

$$F[x_0, x_1] = \frac{f(x_1) - f(x_0)}{x_1 - x_0} = F[x_1, x_0] = \frac{f(x_0) - f(x_1)}{x_0 - x_1}$$

ou seja, trocando-se a sequência dos argumentos em x, o resultado permanece inalterado e isto pode ser generalizado para diferenças divididas de qualquer ordem.

No caso de existirem dois pontos, pode-se escrever:

$$F[x_0, x_1, x] = F[x_1, x_0, x] = \frac{F[x_0, x] - F[x_1, x_0]}{x - x_1} =$$

$$= \frac{\dfrac{f(x) - f(x_0)}{x - x_0} - F[x_0, x_1]}{x - x_1} = \frac{f(x) - f(x_0) - (x - x_0)F[x_0, x_1]}{(x - x_0)(x - x_1)}$$

Isolando-se $f(x)$ tem-se:

$$f(x) = \underbrace{\underbrace{f(x_0)}_{p_0(x)} + \underbrace{(x - x_0)F[x_0, x_1]}_{q_1(x)}}_{p_1(x)} + \underbrace{(x - x_0)(x - x_1)F[x_0, x_1, x]}_{E_1(x)} \qquad (6.16)$$

onde $E_1(x)$ corresponde ao erro cometido ao se aproximar

$f(x)$ por $p_1(x) = p_0(x) + q_1(x)$.

Considerando-se três pontos, ter-se-ia, por analogia às equações (6.15) e (6.16), a seguinte expressão:

$$f(x) = \underbrace{\underbrace{f(x_0)}_{p_0(x)} + \underbrace{(x - x_0)F[x_0, x_1]}_{q_1(x)} + \underbrace{(x - x_0)(x - x_1)F[x_0, x_1, x_2]}_{q_2(x)}}_{p_2(x)} + \qquad (6.17)$$

$$\underbrace{(x - x_0)(x - x_1)(x - x_2)F[x_0, x_1, x_2, x]}_{E_2(x)}$$

Observar que existe uma forma de recorrência entre os polinômios interpoladores de ordem 0, 1, 2, ... :

$$p_{k+1}(x) = p_k(x) + q_{k+1}(x),\ k = 0,1,... \tag{6.18}$$

As equações (6.15) a (6.18) permitem uma fácil generalização para o caso em que são conhecidos n+1 pontos:

$$f(x) = p_n(x) + E_n(x) \tag{6.19}$$

onde:

$$\begin{aligned} p_n(x) = {} & f(x_0) + (x - x_0)F[x_0, x_1] + (x - x_0)(x - x_1)F[x_0, x_1, x_2] + \cdots \\ & + (x - x_0)(x - x_1)\cdots(x - x_{n-1})F[x_0, x_1, \ldots, x_n] \end{aligned} \tag{6.20}$$

é o polinômio interpolador de ordem n (equação (6.11)). O erro cometido ao aproximar-se $f(x)$ por $p_n(x)$ possui então a forma:

$$E_n(x) = (x - x_0)(x - x_1)\cdots(x - x_n)F[x_0, x_1, \ldots, x_n, x] \tag{6.21}$$

O leitor deve observar que o método de Newton além de fornecer o polinômio interpolador de um conjunto de pontos, fornece um caminho para se tentar estimar o erro cometido no processo de interpolação.

6.5 Análise do Erro Cometido na Interpolação Polinomial

Já foi mencionado que uma diferença dividida de ordem k corresponde, por aproximação, a uma derivada de ordem k da função $f(x)$. Existe ainda um teorema, cujo resultado básico é apresentado a seguir sem demonstração, que garante a seguinte igualdade:

$$F[x_0, x_1, \ldots, x_n, x] = \frac{f^{(n+1)}(\varepsilon_x)}{(n+1)!} \tag{6.22}$$

onde $\varepsilon_x \in (x_0, x_n)$. Considerando-se a equação (6.22), a expressão exata para o erro (equação (6.21)) torna-se:

$$E_n(x) = (x - x_0)(x - x_1)\cdots(x - x_n)\frac{f^{(n+1)}(\varepsilon_x)}{(n+1)!} \tag{6.23}$$

A equação (6.23) tem importância apenas teórica (estimativa de erros em processos de integração numérica, por exemplo), uma vez que, na prática $f(x)$ é geralmente conhecida na forma tabelar e nunca o ε_x é conhecido exatamente. Entretanto, há a possibilidade de se obter uma estimativa para o erro construindo-se uma tabela de diferenças divididas até a ordem n+1 e ainda, tomando-se o máximo valor (em módulo) das diferenças nesta ordem como aproximação para a equação (6.22):

$$\left|F[x_0, x_1, \ldots, x_n, x]\right| = \left|\frac{f^{(n+1)}(\varepsilon_x)}{(n+1)!}\right| \approx \max\left|\text{diferenças divididas de ordem } n+1\right| \quad (6.24)$$

Substituindo-se a equação (6.24) na (6.23) tem-se finalmente uma estimativa para o erro:

$$\left|E_n(x)\right| \approx \left|(x-x_0)(x-x_1)\cdots(x-x_n)\right| \max\left(\left|\text{diferenças divididas de ordem } n+1\right|\right) \quad (6.25)$$

Exercício proposto 6.1

Dada a tabela abaixo:

x	2.4	2.6	2.8	3	3.2	3.4	3.6	3.8
$f(x)$	11.02	13.46	16.44	20.08	24.53	29.96	36.59	44.7

a) Calcular uma aproximação para $f(3.1)$ usando um polinômio de interpolação sobre três pontos;

b) Determine uma estimativa para o erro cometido;

c) Sabendo que os pontos da tabela foram gerados com a função e^x, compare a estimativa do item b) com o erro real.

6.6 Considerações Finais

Como considerações finais, convidamos o leitor a refletir se reportando a um tempo no qual não havia calculadora eletrônica e nem, obviamente, computador. Trata-se das épocas em que viveram Isaac Newton (1642 a 1727), Leonhard Euler (1707-1783), Joseph-Louis Lagrange (1736-1813) e Johann Carl

Friedrich Gauss (1777-1855). Naturalmente, pode-se imaginar que havia o real interesse em se obter soluções de problemas com o mínimo de operações algébricas. Estes e outros grandes cientistas deram importantes contribuições ao desenvolvimento científico e, em alguns casos, podemos perceber nos legados que deixaram traços bem visíveis do esforço em minimizar o número de operações na solução de problemas. Neste capítulo foram apresentados dois exemplos clássicos que poderiam ser classificados no contexto do referido esforço: o método de Lagrange diminui significativamente o número de operações necessárias à obtenção do polinômio interpolador, com relação ao método por solução de um sistema de equações lineares; o método de Newton necessita de um número de operações ainda menor do que o de Lagrange. Este melhor desempenho dos métodos de Lagrange e Newton acontece, mesmo considerando a grande contribuição do Gauss na redução do número de operações necessárias à solução de um sistema de equações lineares. O Euler e o Lagrange formularam a base da mecânica analítica e esse desenvolvimento embute naturalmente a minimização de funções escalares (energia) que conduz ao mínimo de variáveis de estado que representam os sistemas dinâmicos, que por sua vez se traduz em um menor número de operações algébricas necessárias na solução das equações diferenciais que representam estes sistemas.

Em síntese, há um encadeamento natural nas descobertas que impulsionaram o desenvolvimento científico e ainda, a tentativa de minimização do número de operações necessárias nos métodos desenvolvidos foi presença constante, imposta naturalmente por necessidade. Nos dias atuais essa necessidade se expandiu para uma nova concepção, correlata ao que se convencionou chamar de redução do esforço ou custo computacional. Identifica-se que este esforço atual se concentra em duas frentes: otimização de métodos e processos, no desenvolvimento de algoritmos otimizados com relação ao custo computacional; desenvolvimento de clusters e supercomputadores, ampliando assim a capacidade de realização de cálculos, bem como a quantidade de memória e a velocidade de acesso a esta. Difícil é imaginar se há um limite para essa evolução.

Capítulo 7

Ajuste de Curvas

7.1 Introdução

Foi visto no capítulo anterior que nos processos de interpolação, força-se a coincidência entre os pontos da função desconhecida $f(x)$ e o polinômio interpolador $p_n(x)$:

$$p_n(x_i) = f(x_i), \forall\, i = 0,1,\ldots,n \tag{7.1}$$

Entretanto, a igualdade acima perde completamente a importância se não há confiança plena na exatidão das medidas (observações) que deram origem às ordenadas $f(x_i)$: não há nestes casos, razões para se optar por interpolar os pontos. Resumidamente, existem três situações nas quais não se deve utilizar a interpolação:

- quando se deseja extrapolar (erros absurdos podem ser cometidos na tentativa de prever $f(x)$ para $x < x_0$ ou $x > x_n$ utilizando-se interpolação entre x_0 e x_n);

- quando se conhece um grande número de pontos (não é aconselhável a utilização de polinômios de alta ordem devido a possíveis imprecisões na avaliação dos mesmos);

- conforme já adiantado, quando os pontos tabelados são resultado de algum experimento físico e ainda, podem conter erros não previsíveis de medidas.

Nestes casos, é interessante substituir o polinômio interpolador por uma curva que se ajuste aos pontos disponíveis e que acompanhe a tendência destes pontos satisfazendo a um determinado critério: este processo é conhecido por **ajuste de curvas**.

7.2 O Método de Mínimos Quadrados

Considera-se m pontos oriundos de um determinado experimento físico, conforme representado na figura abaixo:

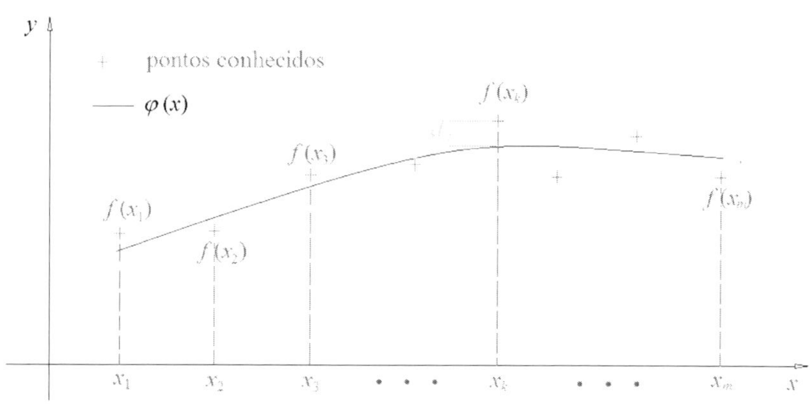

Figura 7.1 Pontos conhecidos e função de ajuste $\varphi(x)$.

$\varphi(x)$ corresponde à função que procura se ajustar a estes pontos da melhor forma possível. Uma possibilidade consiste em se escolher esta curva de ajuste tal que o somatório dos quadrados das distâncias dos pontos à referida curva (d_k) seja mínimo. Procura-se então minimizar o seguinte critério:

$$\sum_{k=1}^{m} d_k^2 = \sum_{k=1}^{m} \left[f(x_k) - \varphi(x_k) \right]^2 \qquad (7.2)$$

Definindo-se $\varphi(x)$ como sendo uma combinação linear de diversas outras funções $g_i(x), i = 1,2,\ldots,n$ tem-se:

$$\varphi(x) = \alpha_1 g_1(x) + \alpha_2 g_2(x) + \cdots + \alpha_n g_n(x) \qquad (7.3)$$

As funções $g_i(x), i = 1,2,\ldots,n$ são encontradas facilmente. Por exemplo, se o objetivo é ajustar os pontos por um polinômio de ordem n-1, então:

$$\varphi(x) = \alpha_1 + \alpha_2 x + \alpha_3 x^2 + \cdots + \alpha_n x^{n-1} \qquad (7.4)$$

de forma que as funções $g_i(x), i = 1,2,\ldots,n$ estão naturalmente determinadas a partir da comparação entre as equações (7.3) e (7.4):

$$g_1(x) = 1;\ g_2(x) = x;\ g_3(x) = x^2;\ \ldots;\ g_n(x) = x^{n-1}.$$

Esta sequência sugere a equação geral:

$$g_i(x) = x^{(i-1)},\ i = 1,\ldots,n \qquad (7.5)$$

que será muito útil na programação mostrada na sequência deste capítulo.

Definindo-se

$$F(\alpha_1,\alpha_2,\ldots,\alpha_n)=\sum_{k=1}^{m}d_k^2=\sum_{k=1}^{m}[f(x_k)-\varphi(x_k)]^2 \quad (7.6)$$

e levando-se em conta a equação (7.3), pode ser escrita a seguinte expressão:

$$F(\alpha_1,\alpha_2,\ldots,\alpha_n)=\sum_{k=1}^{m}[f(x_k)-\alpha_1 g_1(x_k)-\alpha_2 g_2(x_k)-\cdots-\alpha_n g_n(x_k)]^2 \quad (7.7)$$

onde

$m \Rightarrow$ número de pontos $(x_i, f(x_i))$, $i=1,2,\ldots,m$

$n \Rightarrow$ número de funções $g_i(x)$ e de coeficientes α_i, $i=1,2,\ldots,n$

$g_1(x), g_2(x),\ldots,g_n(x) \Rightarrow$ funções conhecidas

$\alpha_1,\alpha_2,\ldots,\alpha_n \Rightarrow$ coeficientes a serem determinados

O processo de minimização consiste então na determinação dos valores de α_i tais que:

$$\frac{\partial F(\alpha_1,\alpha_2,\ldots,\alpha_n)}{\partial \alpha_i}=0;\ i=1,2,\ldots,n \quad (7.8)$$

A equação (7.8) pode ser obtida derivando-se parcialmente a equação (7.7) com relação a α_i:

$$\frac{\partial F(\alpha_1,\alpha_2,\ldots,\alpha_n)}{\partial \alpha_i}=2\sum_{k=1}^{m}\{[f(x_k)-\alpha_1 g_1(x_k)-\alpha_2 g_2(x_k)-\cdots-\alpha_n g_n(x_k)][-g_i(x)]\}=0 \quad (7.9)$$

Ao variar-se $i=1,2,\ldots,n$ tem-se o seguinte sistema de equações:

$$
\begin{aligned}
i = 1 &\Rightarrow \sum_{k=1}^{m} \{[f(x_k) - \alpha_1 g_1(x_k) - \alpha_2 g_2(x_k) - \cdots - \alpha_n g_n(x_k)] g_1(x_k)\} = 0 \\
i = 2 &\Rightarrow \sum_{k=1}^{m} \{[f(x_k) - \alpha_1 g_1(x_k) - \alpha_2 g_2(x_k) - \cdots - \alpha_n g_n(x_k)] g_2(x_k)\} = 0 \\
\vdots & \qquad\qquad\qquad \vdots \\
i = n &\Rightarrow \sum_{k=1}^{m} \{[f(x_k) - \alpha_1 g_1(x_k) - \alpha_2 g_2(x_k) - \cdots - \alpha_n g_n(x_k)] g_n(x_k)\} = 0
\end{aligned}
\tag{7.10}
$$

Isolando-se alguns termos da equação (7.10) tem-se:

$$
\begin{aligned}
&\underbrace{\left[\sum_{k=1}^{m} g_1(x_k) g_1(x_k)\right]}_{a_{11}} \alpha_1 + \underbrace{\left[\sum_{k=1}^{m} g_2(x_k) g_1(x_k)\right]}_{a_{12}} \alpha_2 + \cdots + \underbrace{\left[\sum_{k=1}^{m} g_n(x_k) g_1(x_k)\right]}_{a_{1n}} \alpha_n = \underbrace{\left[\sum_{k=1}^{m} f(x_k) g_1(x_k)\right]}_{b_1} \\
&\underbrace{\left[\sum_{k=1}^{m} g_1(x_k) g_2(x_k)\right]}_{a_{21}} \alpha_1 + \underbrace{\left[\sum_{k=1}^{m} g_2(x_k) g_2(x_k)\right]}_{a_{22}} \alpha_2 + \cdots + \underbrace{\left[\sum_{k=1}^{m} g_n(x_k) g_2(x_k)\right]}_{a_{2n}} \alpha_n = \underbrace{\left[\sum_{k=1}^{m} f(x_k) g_2(x_k)\right]}_{b_2} \\
&\vdots \qquad\qquad\qquad\qquad\qquad\qquad\qquad\qquad\qquad\qquad\qquad\qquad \vdots \\
&\underbrace{\left[\sum_{k=1}^{m} g_1(x_k) g_n(x_k)\right]}_{a_{n1}} \alpha_1 + \underbrace{\left[\sum_{k=1}^{m} g_2(x_k) g_n(x_k)\right]}_{a_{n2}} \alpha_2 + \cdots + \underbrace{\left[\sum_{k=1}^{m} g_n(x_k) g_n(x_k)\right]}_{a_{nn}} \alpha_n = \underbrace{\left[\sum_{k=1}^{m} f(x_k) g_n(x_k)\right]}_{b_n}
\end{aligned}
\tag{7.11}
$$

As equações (7.11) constituem um sistema linear, na forma:

$$
A\vec{\alpha} = \vec{B} \tag{7.12}
$$

onde

$$
\begin{aligned}
&\vec{\alpha} = (\alpha_1 \quad \alpha_2 \quad \cdots \quad \alpha_n)^T \Rightarrow \text{vetor de incógnitas;} \\
&a_{ij} = \sum_{k=1}^{m} g_j(x_k) g_i(x_k) = a_{ji} \Rightarrow A \text{ é simétrica;} \\
&b_i = \sum_{k=1}^{m} f(x_k) g_i(x_k).
\end{aligned}
\tag{7.13}
$$

Resolvendo-se o sistema (7.12) por um dos métodos vistos no Capítulo 3 (eliminação de Gauss, por exemplo), chega-se à determinação do vetor $\vec{\alpha}$ e, consequentemente, a função de ajuste $\varphi(x)$ estará plenamente determinada uma vez que as funções $g_i(x)$ são conhecidas a priori (equação (7.5)).

Exemplo 7.1

Observações em um determinado fenômeno físico originaram 6 pontos conforme a tabela abaixo:

x	1	2	3	4	5	6
$f(x)$	3.14	1.76	4.08	7.32	6.84	8.41

Deseja-se a determinação de um polinômio de grau 3 que se ajuste aos pontos tabelados.

Solução

O polinômio de ajuste é de grau 3:

$$\varphi(x) = \alpha_1 + \alpha_2 x + \alpha_3 x^2 + \alpha_4 x^3 = \alpha_1 g_1(x) + \alpha_2 g_2(x) + \alpha_3 g_3(x) + \alpha_4 g_4(x)$$

Portanto:

$$g_1(x) = 1;\ \ g_2(x) = x;\ \ g_3(x) = x^2;\ \ g_4(x) = x^3;$$

Neste caso, o sistema de equações lineares para a determinação do vetor com os coeficientes possui a forma (equação (7.12)):

$$A\vec{\alpha} = \vec{B} \Rightarrow \begin{bmatrix} a_{11} & a_{12} & a_{13} & a_{14} \\ a_{21} & a_{22} & a_{23} & a_{24} \\ a_{31} & a_{32} & a_{33} & a_{34} \\ a_{41} & a_{42} & a_{43} & a_{44} \end{bmatrix} \begin{pmatrix} \alpha_1 \\ \alpha_2 \\ \alpha_3 \\ \alpha_4 \end{pmatrix} = \begin{pmatrix} b_1 \\ b_2 \\ b_3 \\ b_4 \end{pmatrix}$$

Das equações (7.13) tem-se:

$$a_{11} = \sum_{k=1}^{6} g_1(x_k)g_1(x_k) = \sum_{k=1}^{6} 1 = 6;$$

$$a_{12} = \sum_{k=1}^{6} g_2(x_k)g_1(x_k) = \sum_{k=1}^{6} x_k = 21 = a_{21};$$

$$a_{13} = \sum_{k=1}^{6} g_3(x_k)g_1(x_k) = \sum_{k=1}^{6} x_k^2 = 91 = a_{31};$$

$$a_{14} = \sum_{k=1}^{6} g_4(x_k)g_1(x_k) = \sum_{k=1}^{6} x_k^3 = 411 = a_{41};$$

$$a_{22} = \sum_{k=1}^{6} g_2(x_k)g_2(x_k) = \sum_{k=1}^{6} x_k^2 = 91;$$

$$a_{23} = \sum_{k=1}^{6} g_3(x_k)g_2(x_k) = \sum_{k=1}^{6} x_k^3 = 411 = a_{32};$$

$$a_{24} = \sum_{k=1}^{6} g_4(x_k)g_2(x_k) = \sum_{k=1}^{6} x_k^4 = 2275 = a_{42};$$

$$a_{33} = \sum_{k=1}^{6} g_3(x_k)g_3(x_k) = \sum_{k=1}^{6} x_k^4 = 2275;$$

$$a_{34} = \sum_{k=1}^{6} g_4(x_k)g_3(x_k) = \sum_{k=1}^{6} x_k^5 = 12201 = a_{43};$$

$$a_{44} = \sum_{k=1}^{6} g_4(x_k)g_4(x_k) = \sum_{k=1}^{6} x_k^6 = 67171;$$

$$b_1 = \sum_{k=1}^{6} f(x_k)g_1(x_k) = \sum_{k=1}^{6} f(x_k) = 31.55;$$

$$b_2 = \sum_{k=1}^{6} f(x_k)g_2(x_k) = \sum_{k=1}^{6} f(x_k)x_k = 132.84;$$

$$b_3 = \sum_{k=1}^{6} f(x_k)g_3(x_k) = \sum_{k=1}^{6} f(x_k)x_k^2 = 637.78;$$

$$b_4 = \sum_{k=1}^{6} f(x_k)g_4(x_k) = \sum_{k=1}^{6} f(x_k)x_k^3 = 3267.42;$$

$$A = \begin{bmatrix} 6 & 21 & 91 & 441 \\ 21 & 91 & 441 & 2275 \\ 91 & 441 & 2275 & 12201 \\ 441 & 2275 & 12201 & 67171 \end{bmatrix}; \quad B = \begin{pmatrix} 31.55 \\ 132.84 \\ 637.78 \\ 3267.42 \end{pmatrix}$$

É importante notar que a matriz A, além de simétrica, possui elementos iguais na diagonal secundária e nas diagonais paralelas a esta, de forma que, dos 16 elementos deste exemplo, há a necessidade de se calcular diretamente apenas 7 destes.

Resolvendo-se o sistema de equações lineares tem-se:

$$\begin{pmatrix} \alpha_1 \\ \alpha_2 \\ \alpha_3 \\ \alpha_4 \end{pmatrix} = \begin{pmatrix} 6.54 \\ -5.67019841 \\ 2.21880952 \\ -0.20527778 \end{pmatrix} \Rightarrow \varphi(x) = \alpha_1 + \alpha_2 x + \alpha_3 x^2 + \alpha_4 x^3$$

Após a determinação da função de ajuste, é muito importante visualizar graficamente a qualidade do ajuste, conforme visto na Figura 7.2.

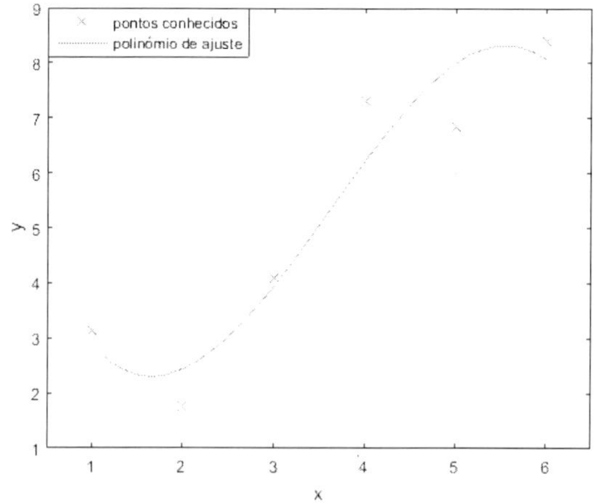

Figura 7.2 Seis pontos conhecidos ajustados por um polinômio de terceira ordem, obtido com o método de mínimos quadrados, aplicado ao exemplo 7.1.

7.3 Programação e Exemplos

O método de mínimos quadrados foi programado na função `ajuste.m`, apresentada a seguir.

```
function a=ajuste(x,fx,n)
% [x,fx] => pontos conhecidos
% a => coeficientes do polinômio de ajuste
% n => ordem do polinômio de ajuste
m=max(size(x));
np=n+1;
for i=1:np,
    for j=1:np,
        s=0;
        for k=1:m,
            s=s+x(k)^(j-1)*x(k)^(i-1);
        end,
        A(i,j)=s;
    end,
    s=0;
    for k=1:m,
        s=s+fx(k)*x(k)^(i-1);
    end,
    B(i)=s;
end,
a=A\B';
```

Exemplo 7.2

Determine o polinômio que se ajuste aos pontos da seguinte função:

$$s(t)=[\sin(w_1 t)+\tau\cos(w_2 t)]e^{\beta t}.$$

Considere $w_1 = 0.3\pi;\ w_2 = 20\pi;\ \tau = 0.15;\ \beta = 0.2;$ em um domínio discreto.t de 0 a 2π, com incremento π /200.

Solução

Gerando e visualizando o sinal $s(t)$ no MATLAB

```
t=0:pi/200:2*pi;
w1=0.3*pi;w2=20*pi;tau=0.15;beta=0.2;
s=(sin(w1*t)+tau*cos(w2*t)).*exp(-beta*t);
plot(t,s,'.r');grid;
xlabel('tempo(s)');
title('sinal original')
```

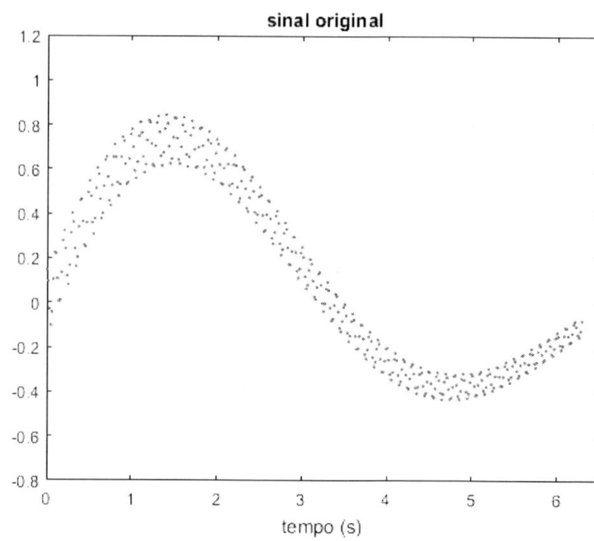

Figura 7.3 Sinal original em função do tempo.

Inicialmente faz-se uma primeira tentativa (sequência de comandos abaixo) de ajuste com um polinômio de ordem 3, cujo gráfico sobreposto ao sinal original pode ser visto na Figura 7.4a.

```
a=ajuste(t,s,3);                 % chamada da função ajuste.m
n=max(size(a));                  % número de coeficientes
for i=1:n,alf(i)=a(n+1-i);end; % inversão dos índices
p=polyval(alf,t);      %avaliação do polinômio no vetor t
plot(t,s,'.r',t,p,'b');grid %plota os gráficos sobrepostos
axis([0 6.5 -0.6 1]) %fixa as escalas horizontal e vertical
title('polinômio de ordem 3')
legend('sinal original','pol. de ajuste')
```

Posteriormente repete-se a sequência de comandos visando testar polinômios de ordens 4, 5 e 6, visualizados nas Figuras 7.4b, 7.4c e 7.4d, respectivamente. Percebe-se que a qualidade do ajuste vai melhorando à medida que se aumenta a ordem do polinômio de ajuste. Visualmente, neste exemplo, o polinômio de ordem 6 apresentou um bom resultado em termos de qualidade do ajuste. É importante perceber que a nuvem de pontos do sinal original poderia ser um sinal de um sensor com um determinado nível de ruído, no caso de alguma aplicação prática. Portanto, o ajuste neste caso filtraria o ruído, conservando a informação do sinal que realmente interessa. Há técnicas melhores para filtrar sinais, tais como os filtros digitais de resposta finita do tipo FIR (*finite impulse response*). Porém, na ausência destes, um ajuste de curvas bem projetado pode extrair a informação que interessa de um sinal ruidoso, por exemplo.

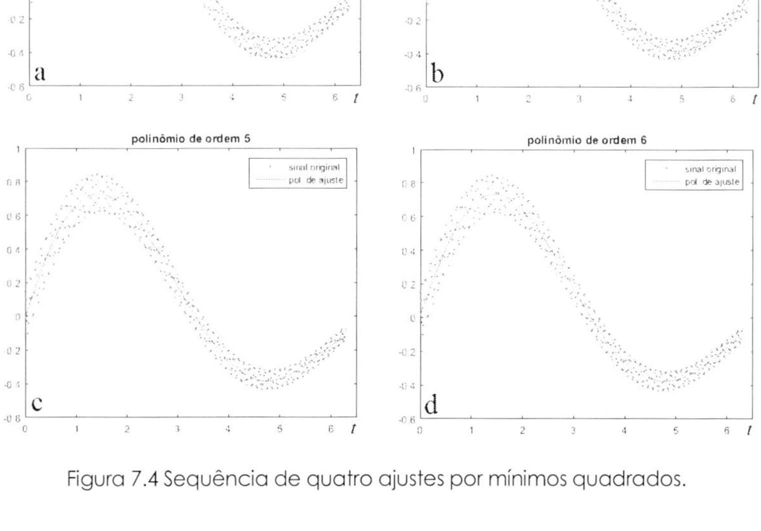

Figura 7.4 Sequência de quatro ajustes por mínimos quadrados.

7.4 Casos não Lineares

O método de mínimos quadrados exige uma relação de linearidade entre os parâmetros α_i a serem estimados e as funções escolhidas $g_i(x)$, uma vez que a função de ajuste é originalmente definida sob a forma:

$$\varphi(x) = \alpha_1 g_1(x) + \alpha_2 g_2(x) + \cdots + \alpha_n g_n(x)$$

Caso não haja a linearidade acima referida, transformações devem ser efetuadas a fim de se obtê-las.

7.4.1 Ajuste por Funções Exponenciais

Considera-se o problema do ajuste de pontos a partir de uma função na forma:

$$\varphi(x) = \alpha_1 e^{\alpha_2 x} \tag{7.14}$$

A função $f(x)$ conhecida apenas na forma tabelar (pontos $x_i, f(x_i)$) é então aproximada a partir da função de ajuste da equação (7.14), ou seja,

$$f(x) \approx \alpha_1 e^{\alpha_2 x} \tag{7.15}$$

Aplicando-se o logaritmo natural a ambos os termos da equação (7.15) tem-se:

$$z = \ln(f(x)) \approx \ln(\alpha_1) + \alpha_2 x = h(x) \tag{7.16}$$

Definindo-se:

$$\beta_1 = \ln(\alpha_1); \ \beta_2 = \alpha_2 \tag{7.17}$$

a nova função de ajuste $h(x)$ assume a forma:

$$h(x) = \beta_1 + \beta_2 x = \beta_1 g_1(x) + \beta_2 g_2(x) \tag{7.18}$$

que possui relações lineares entre as incógnitas β_i e as funções conhecidas $g_i(x)$ e portanto, o método de estimação das incógnitas via mínimos quadrados pode ser aplicado a este caso.

É importante que o leitor observe que não se trata de uma estimação das incógnitas ou parâmetros α_1 e α_2 realmente otimizada:

$$\text{problema original} \quad \Rightarrow \begin{Bmatrix} x_i \\ f(x_i) \end{Bmatrix} \quad \Rightarrow \text{pontos tabelados}$$

$$\text{problema transformado} \quad \Rightarrow \begin{Bmatrix} x_i \\ z_i = \ln(f(x_i)) \end{Bmatrix} \Rightarrow \quad '' \qquad ''$$

O critério de minimização é aplicado ao problema transformado e assim, estimam-se os parâmetros β_1 e β_2 e, a partir destes, encontram-se os parâmetros α_1 e α_2 utilizando-se as equações (7.17).

Exemplo 7.3

Considere a tabela abaixo obtida de algum experimento em laboratório:

x	-1	-0.7	-0.4	-0.1	0.2	0.5	0.8	1.0
$f(x)$	36.547	17.264	8.155	3.852	1.82	0.86	0.406	0.246

Obter uma função de ajuste para estes pontos no seguinte formato exponencial:

$$\varphi(x) = \alpha_1 e^{\alpha_2 x} \quad .$$

Solução

Incialmente constrói-se a tabela x e $z(x) = \ln(f(x))$:

x	-1	-0.7	-0.4	-0.1	0.2	0.5	0.8	1.0
z(x)	3.5986	2.8486	2.0986	1.3486	0.5988	-0.1508	-0.9014	-1.4024

Aplica-se o método de mínimos quadrados ao problema transformado da tabela acima:

$$z(x) = \ln(x) \approx h(x) = \beta_1 + \beta_2 x = \beta_1 g_1(x) + \beta_2 g_2(x) \Rightarrow g_1(x) = 1; g_2(x) = x$$

$$\begin{bmatrix} a_{11} & a_{12} \\ a_{21} & a_{22} \end{bmatrix} \begin{pmatrix} \beta_1 \\ \beta_2 \end{pmatrix} = \begin{pmatrix} b_1 \\ b_2 \end{pmatrix}$$

$$a_{11} = \sum_{k=1}^{8} g_1(x_k) g_1(x_k) = \sum_{k=1}^{8} 1 = 8$$

$$a_{12} = \sum_{k=1}^{8} g_2(x_k) g_1(x_k) = \sum_{k=1}^{8} x_k = 0.3 = a_{21}$$

$$a_{22} = \sum_{k=1}^{8} g_2(x_k) g_2(x_k) = \sum_{k=1}^{8} x_k^2 = 3.59$$

$$b_1 = \sum_{k=1}^{8} f(x_k) g_1(x_k) = \sum_{k=1}^{8} = f(x_k) = 8.0386$$

$$b_2 = \sum_{k=1}^{8} f(x_k) g_1(x_k) = \sum_{k=1}^{8} = f(x_k) x_k = \text{-}8.6461$$

Solução do problema transformado:

$$\begin{pmatrix} \beta_1 \\ \beta_2 \end{pmatrix} = \begin{pmatrix} 1.098587 \\ -2.500198 \end{pmatrix}$$

A qualidade do ajuste do problema transformado pode ser avaliada na Figura 7.5a: o polinômio de ajuste $h(x) = \beta_1 + \beta_2 x$ é plotado sobreposto aos pontos $[x_k, z(x_k)]$.

Os coeficientes da função de ajuste $\varphi(x) = \alpha_1 e^{\alpha_2 x}$ são obtidos utilizando-se as equações (7.17) :

$$\alpha_1 = e^{\beta_1};\ \alpha_2 = \beta_2 \Rightarrow \alpha_1 = 2.999923;\ \alpha_2 = \text{-}2.500198$$

Na Figura 7.5b podem ser vistos os pontos $(f(x_k))$ e a função de ajuste $(\varphi(x))$ do problema original.

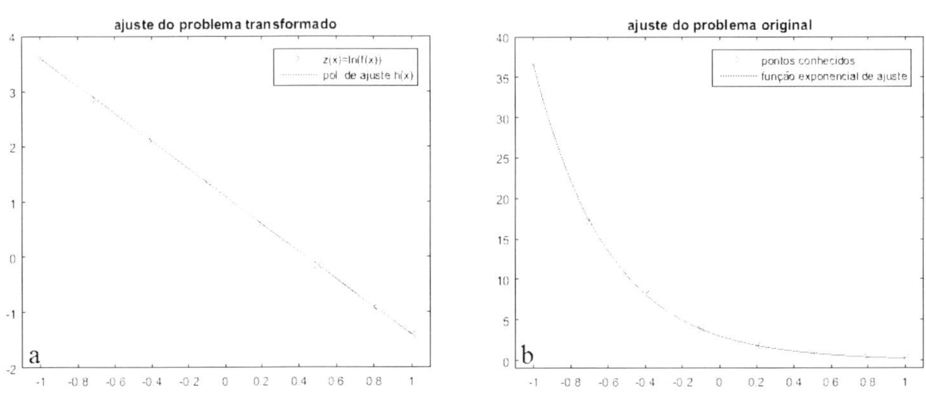

Figura 7.5 Ajuste por uma função exponencial: problemas transformado e original.

Finalmente, ressalta-se que uma das principais aplicações do método de mínimos quadrados consiste na identificação de parâmetros em modelos matemáticos que representam fenômenos físicos. Por exemplo, os pontos originais do exemplo 7.3 foram gerados com a função $y(x)=3e^{-2.5x}$, para x de - 1 a 1, arredondando-se $y(x)$ com três dígitos significativos. Conforme visto, a determinação de uma função exponencial de ajuste por mínimos quadrados permitiu identificar os dois parâmetros da função que gerou os pontos.

7.4.2 Ajuste por Outras Funções não Polinomiais

Além da função exponencial vista na subseção anterior, diversas outras funções não polinomiais também podem ter os seus coeficientes identificados a partir do método de mínimos quadrados. O procedimento é semelhante ao caso anterior: aplica-se uma transformação ao problema original; utiliza-se o método de mínimos quadrados para identificar os parâmetros do problema transformado e a partir destes, encontram-se os parâmetros da função de ajuste do problema original. Na sequência são mostrados os problemas original e transformado de alguns casos de ajuste por funções não polinomiais.

$$f(x)\approx\frac{1}{\alpha_1+\alpha_2 x}=\varphi(x)\Rightarrow \text{problema original}$$

$$z=\frac{1}{f(x)}\approx\alpha_1+\alpha_2 x=h(x)\Rightarrow \text{problema transformado} \quad (7.19)$$

$$f(x) \approx \alpha_1 \alpha_2^x = \varphi(x) \Rightarrow \text{problema original}$$

$$z = \ln(f(x)) \approx \underbrace{\ln(\alpha_1)}_{\beta_1} + \underbrace{\ln(\alpha_2)}_{\beta_2} x = h(x) \Rightarrow \text{problema transformado} \tag{7.20}$$

$$f(x) \approx \alpha_1 x^{\alpha_2} = \varphi(x) \Rightarrow \text{problema original}$$

$$z = \ln(f(x)) \approx \underbrace{\ln(\alpha_1)}_{\beta_1} + \underbrace{\alpha_2}_{\beta_2} \underbrace{\ln(x)}_{t} = h(t) \Rightarrow \text{problema transformado} \tag{7.21}$$

$$f(x) \approx \alpha_1 + \alpha_2 \cos(wx) = \varphi(x) \Rightarrow \text{problema original}$$

$$\text{define - se } t = \cos(wx) \Rightarrow f(x) \approx \alpha_1 + \alpha_2 t = h(t) \Rightarrow \text{problema transformado} \tag{7.22}$$

Capítulo 8

Derivação e Integração Numéricas

8.1 Derivação Numérica

Em problemas práticos é comum a necessidade de se calcular derivadas de uma função $y = f(x)$. Porém, existem alguns casos nos quais o processo de derivação analítica simples é substituído por uma derivação numérica. Exemplos típicos são quando:

- $f(x)$ for conhecida apenas na forma de uma tabela de pontos $[x_i, f(x_i)]$;
- $f(x)$ for uma equação de difícil derivação analítica.

Nos casos em que a derivação precisa ser numérica, o método geralmente escolhido consiste na aproximação da $f(x)$ por uma função de interpolação ou de ajuste $p_n(x)$, que geralmente possui a forma polinomial. A Figura 8.1 ilustra essa situação para o caso de interpolação. Nestes casos, $p_n(x) \approx f(x)$ e, portanto, a derivada da $f(x)$ é obtida a partir da seguinte aproximação:

$$f'(x) \approx p_n'(x) \tag{8.1}$$

no intervalo $[x_0, x_n]$.

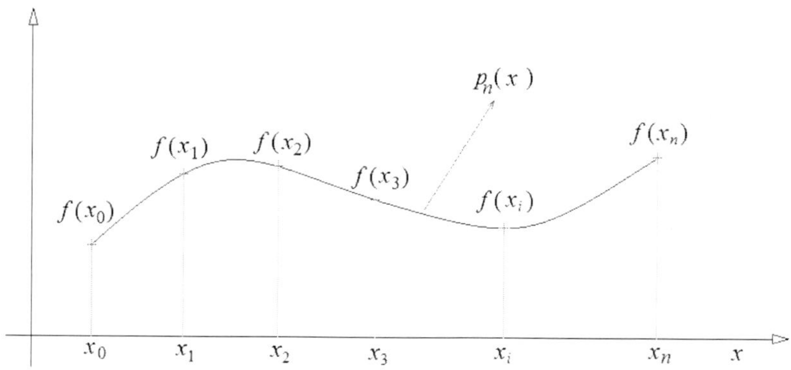

Figura 8.1 Polinômio que interpola os pontos $[x_i, f(x_i)]$.

Exemplo 8.1

Deseja-se calcular $f'(5)$ da função $f(x) = \ln(x)$ tabelada abaixo:

x	2	4	6	8
$f(x)$	0.6931	1.3863	1.7918	2.0794

Solução:

Utilizando-se um dos métodos de interpolação vistos anteriormente, encontra-se:

$$p_3(x) = a_3x^3 + a_2x^2 + a_1x + a_0 \Rightarrow p_3'(x) = 3a_3x^2 + 2a_2x + a_1$$

Onde

$$a_3 = 0.00353956\ ;\ a_2 = -0.07843502\ ;\ a_1 = 0.71807592\ ;\ a_0 = -0.45758111$$

.

$$p_3'(5) = 0.19919299\ \ ;\ \ [f'(x)]_{x=5} = \frac{1}{5} = 0.2 \Rightarrow \text{erro abs} = 8.07\text{e - }04 \Rightarrow \text{erro rel} = 0.4\%$$

.

Caso a opção fosse utilizar a interpolação por uma reta unindo os pontos [4 , 1.3863] e [6 , 1.7918]:

$p_1(x) = a_1 x + a_0 \Rightarrow p_1^{'}(x) = a_1 ; a_1 = 0.20273255 ; a_2 = 0.57536415$. Desta forma, os erros seriam: erro absoluto $= 0.0027 \Rightarrow er = 1.37\%$ (erro relativo três vezes maior do que o obtido no caso anterior).

Exemplo 8.2

Em algumas situações de aplicação prática há a observação de determinadas variáveis que fazem parte da dinâmica do sistema em análise. Por exemplo, a posição angular do rotor de um motor elétrico é captada a cada 0.005 *s*, durante 60 *s*, visualizada na Figura 8.2. Esta captação do sinal de posição (s_i) gera um arquivo de dados com 12000 pontos e, evidentemente, não se cogita interpolá-los. O ajuste de curvas neste exemplo também estaria descartado porque o sinal apresenta muitas oscilações e o polinômio de ajuste ainda seria de alta ordem, podendo gerar instabilidade numérica. Uma opção seria fazer uma interpolação por seguimentos, usando, por exemplo, curvas do tipo spline (o leitor pode consultar [8] para maiores detalhes sobre interpolação por splines). Porém, nos casos em que o passo no tempo for muito pequeno (e este é o caso deste exemplo, no qual $\Delta t = 0.005\ s$), pode-se adotar uma interpolação por seguimentos de reta e assim, a derivada do sinal pode ser aproximada na forma:

$$v_i = \frac{s_{i+1} - s_i}{\Delta t}, i = 1,2,\ldots,n-1$$

Observa-se que v_i corresponde a uma aproximação discreta da derivada temporal do sinal s_i ao longo de todo o domínio discreto deste sinal. Pode ser dito ainda que o sinal v_i corresponde aos coeficientes angulares dos sucessivos seguimentos de reta que unem os pontos do sinal s_i. Na Figura 8.2 vê-se o sinal v_i, o qual possui um ponto a menos com relação ao sinal s_i, diferença insignificante considerando-se o total de pontos deste sinal.

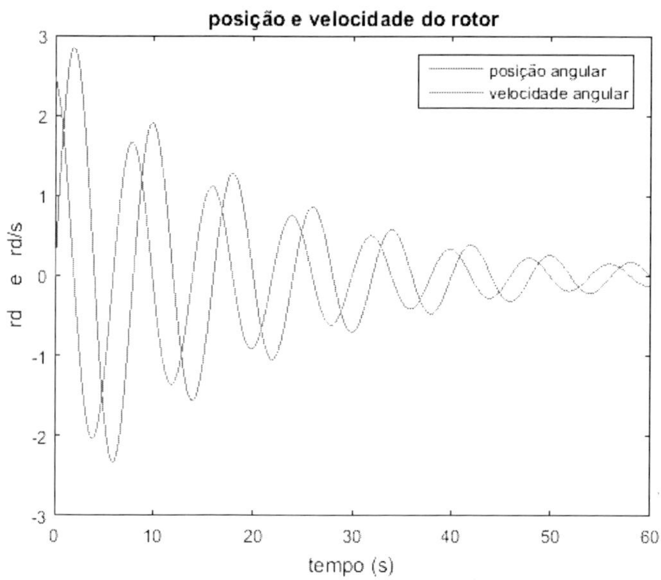

Figura 8.2 Posição angular do rotor (s_i , em azul) e sua derivada no tempo (v_i , em vermelho).

Uma simples sequência de comandos no MATLAB gerou a Figura 8.2:

```
t=0:0.005:60;
s=pi*sin(0.25*pi*t).*exp(-0.05*t);
v=(s(2:end)-s(1:end-1))/0.005;
plot(t,s,'b',t(1:end-1),v,'r');grid
xlabel('tempo (s)')
ylabel('rd    e   rd/s')
legend('posição angular','velocidade angular')
title('posição e velocidade do rotor')
```

Exemplo 8.3

Sabendo que a posição angular do rotor do exemplo 8.2 foi gerada a partir da equação:

$s_i = \pi \sin(0.25\pi\, t_i) e^{-0.05 t_i}$, determine um sinal de erro decorrente da derivação numérica de s_i, no domínio discreto $t_i = 0 : 0.005 : 60\, s$.

Solução

O sinal s_i pode ser escrito na forma:

$$s_i = \pi \sin(0.25\pi\, t_i) e^{-0.05 t_i} = a \sin(w t_i) e^{b t_i}$$

cuja derivada analítica com relação ao tempo assume a forma:

$\dot{s}_i = a e^{b t_i} \left[w \cos(w t_i) + b \sin(w t_i) \right]$, com $a = \pi$; $w = 0.25\pi$; $b = -0.05$.

A derivada temporal numérica do sinal continua sendo obtida a partir da equação:

$$v_i = \frac{s_{i+1} - s_i}{\Delta t},\ i = 1, 2, \ldots, n-1$$

A Figura 8.3 compara os erros entre a derivada analítica e as derivadas numéricas obtidas com três diferentes passos no tempo: $\Delta t = 0.005; \Delta t = 0.01; \Delta t = 0.02 s$. Percebe-se que os erros crescem quando cresce o passo de discretização do sinal, fato que já era esperado. Na realidade, a derivada numérica e, portanto, discreta, tende para a analítica e contínua quando o passo de discretização Δt tende a zero. O caso contrário também é verdadeiro, ou seja, a derivada numérica se afasta da analítica quando o Δt cresce.

A sequência de comandos seguinte gera a Figura 8.3, quando executada três vezes, com os diferentes tamanhos de passo. Para sobrepor os gráficos na mesma figura usa-se o comando `hold on`.

```
clear all
a=pi; w=0.25*pi; b=-0.05;
dt=0.005;
t=0:dt:60;
s=a*sin(w*t).*exp(b*t);
v=(s(2:end)-s(1:end-1))/dt;
va=a*exp(b*t).*(w*cos(w*t)+b*sin(w*t));
plot(t(1:end-1),va(1:end-1)-v)
```

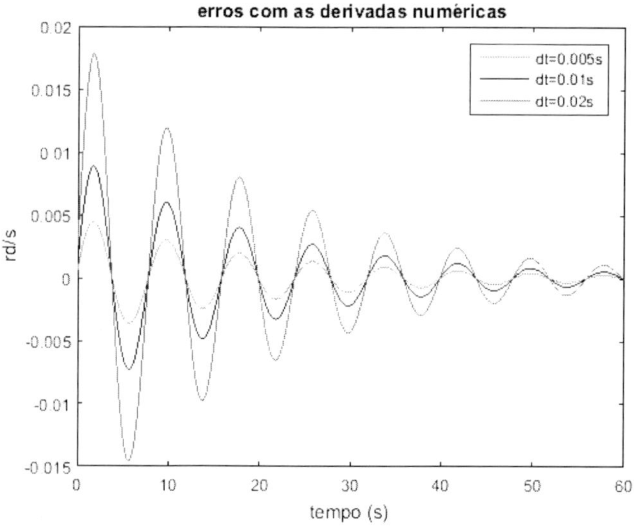

Figura 8.3 Erros absolutos nas derivadas numéricas considerando-se três diferentes passos no tempo para a discretização do sinal de posição angular do rotor s_i.

8.2 Integração Numérica com as Fórmulas de Newton-Cotes

Considera-se o problema da determinação de uma solução para a integral definida:

$$I = \int_a^b f(x)dx \tag{8.2}$$

Se não for possível resolver analiticamente esta integral ou ainda, se $f(x)$ for "conhecida" apenas na forma de uma tabela com pontos $[x_i, f(x_i)]$, torna-se necessária a utilização de uma solução numérica, que consiste basicamente na substituição de $f(x)$ por um polinômio interpolador, a exemplo do que foi feito no processo de derivação numérica.

Dividindo-se o intervalo $[a,b]$ em n subintervalos igualmente espaçados, tem-se:

$$x_{i+1} - x_i = h = \frac{b-a}{n} = \frac{x_n - x_0}{n} \tag{8.3}$$

Conforme dito anteriormente, o objetivo consiste na substituição da função $f(x)$ por $p_n(x)$:

$$I = \int_a^b f(x)dx = \int_{x_0}^{x_n} f(x)dx \approx \int_{x_0}^{x_n} p_n(x)dx \tag{8.4}$$

Calculando-se $p_n(x)$ a partir da forma de Lagrange tem-se:

$$\int_{x_0}^{x_n} p_n(x)dx = \int_{x_0}^{x_n} [L_0(x)f(x_0) + L_1(x)f(x_1) + \cdots + L_n(x)f(x_n)]dx \tag{8.5}$$

ou ainda,

$$\int_{x_0}^{x_n} p_n(x)dx = \underbrace{\left[\int_{x_0}^{x_n} L_0(x)dx\right]}_{A_0} f(x_0) + \underbrace{\left[\int_{x_0}^{x_n} L_1(x)dx\right]}_{A_1} f(x_1) + \cdots + \underbrace{\left[\int_{x_0}^{x_n} L_n(x)dx\right]}_{A_n} f(x_n) \tag{8.6}$$

Portanto,

$$I = \int_{x_0}^{x_n} f(x)dx \approx \sum_{k=0}^{n} A_k f(x_k)$$

$$A_k = \int_{x_0}^{x_n} L_k(x)dx \tag{8.7}$$

As equações (8.7) constituem as fórmulas de Newton-Cotes, que dependem do grau n do polinômio de interpolação escolhido. A integração a partir das equações (8.7) será vista a seguir para polinômios de graus 1 (Regra dos Trapézios) e 2 (Regra de Simpson).

8.2.1 Regra dos Trapézios (n=1, pontos conhecidos: $[x_0, f(x_0)], [x_1, f(x_1)]$)

Aplicando-se as equações (8.7) para $n = 1$ tem-se:

$$I = \int_{x_0}^{x_1} f(x)dx \approx A_0 f(x_0) + A_1 f(x_1) \tag{8.8}$$

onde

$$A_0 = \int_{x_0}^{x_1} L_0(x)dx = \int_{x_0}^{x_1} \frac{(x - x_1)}{(x_0 - x_1)}dx; \quad A_1 = \int_{x_0}^{x_1} L_1(x)dx = \int_{x_0}^{x_1} \frac{(x - x_0)}{(x_1 - x_0)}dx \tag{8.9}$$

Como os pontos são igualmente espaçados define-se o passo de integração:

$$h = x_{i+1} - x_i = cte \tag{8.10}$$

Definindo-se a mudança de variável

$$x = x_0 + hz \tag{8.11}$$

tem-se:

$$\begin{aligned}
&\text{para } x = x_0 \Rightarrow x_0 = x_0 + hz \Rightarrow z = 0;\\
&\text{para } x = x_1 \Rightarrow x_1 = x_0 + hz \Rightarrow z = 1;\\
&(x - x_0) = (x_0 + hz - x_0) = hz;\\
&(x - x_1) = (x_0 + hz - x_1) = h(z - 1);\\
&dx = hdz
\end{aligned} \tag{8.12}$$

Considerando-se as equações (8.12), as integrais (8.9) assumem a forma:

$$\begin{aligned}
A_0 &= \left[-h\int_0^1 (z-1)dz \right] = \frac{h}{2};\\
A_1 &= \left[h\int_0^1 zdz \right] = \frac{h}{2}
\end{aligned} \tag{8.13}$$

Com as equações (8.13), a (8.7) torna-se;

$$I = \int_{x_0}^{x_1} f(x)dx \approx \frac{h}{2}\left[f(x_0) + f(x_1)\right] \tag{8.14}$$

A Figura 8.4 ilustra o resultado da aproximação numérica da integral representada na equação (8.14).

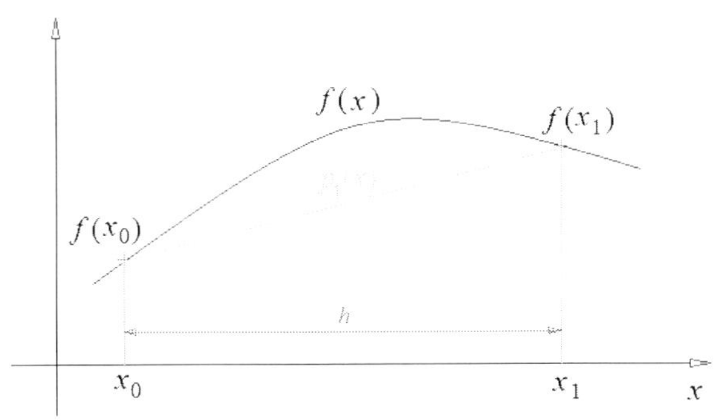

Figura 8.4 Representação gráfica da aproximação: $I = \int_{x_0}^{x_1} f(x)dx \approx \int_{x_0}^{x_1} p_1(x)dx$.

Na realidade, a área abaixo da curva $f(x)$ entre os pontos x_0 e x_1 foi aproximada pela área abaixo da reta $p_1(x)$ entre os mesmos pontos, que constitui de fato a área de um trapézio de altura $h = x_1 - x_0$.

Erros são diminuídos ao dividir-se o intervalo $[a,b]$ em vários subintervalos, aplicando-se assim a regra dos trapézios repetidamente, conforme exemplificado na figura abaixo:

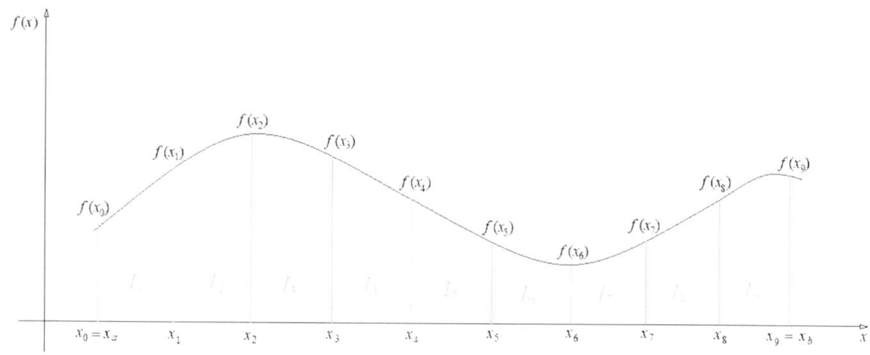

Figura 8.5 Exemplo da regra dos trapézios utilizada em 9 subintervalos.

A área total abaixo da função $f(x)$ entre x_a e x_b seria então calculada a partir da seguinte aproximação:

$$I_{Tr} = \sum_{i=1}^{m} I_i \tag{8.15}$$

No exemplo da Figura 8.5 são nove trapézios $(m = 9)$. Cada área individual de trapézio I_i é obtida a partir da equação (8.16):

$$I_i = \frac{h}{2}\left[f(x_{i-1}) + f(x_i)\right] \tag{8.16}$$

A área total abaixo da curva $f(x)$ será a soma de todas as áreas dos sucessivos trapézios:

$$\left.\begin{array}{l}
i=1 \Rightarrow I_1=\dfrac{h}{2}\left[f(x_0)+f(x_1)\right] \\
i=2 \Rightarrow I_2=\dfrac{h}{2}\left[f(x_1)+f(x_2)\right] \\
i=3 \Rightarrow I_3=\dfrac{h}{2}\left[f(x_2)+f(x_3)\right] \\
\vdots \\
i=m-1 \Rightarrow I_{m-1}=\dfrac{h}{2}\left[f(x_{m-2})+f(x_{m-1})\right] \\
i=m \Rightarrow I_m=\dfrac{h}{2}\left[f(x_{m-1})+f(x_m)\right]
\end{array}\right\} \text{todos estes termos são somados}$$

Generalizando-se esta soma chega-se à fórmula final do método:

$$\int_{x_a}^{x_b} f(x)dx=\int_{x_0}^{x_m} f(x)dx \approx I_{Tr}=\frac{h}{2}\{f(x_0)+f(x_m)+2[f(x_1)+f(x_2)+\cdots+f(x_{m-1})]\} \tag{8.17}$$

A equação (8.17) poderia ainda ser escrita sob a forma compacta:

$$I_{Tr}=\frac{h}{2}\left\{f(x_0)+f(x_m)+2\sum_{i=1}^{m-1} f(x_i)\right\} \tag{8.18}$$

A equação (8.17) é conhecida como Regra dos Trapézios Repetida (observa-se que a sua aplicação exige o conhecimento de m+1 pontos $[x_i, f(x_i)]$ espaçados regularmente).

Foi visto no Capítulo 6, seção 6.5, que o erro cometido ao aproximar-se $f(x)$ por um polinômio $p_n(x)$ é função da derivada de ordem n+1 de $f(x)$. Como o processo de integração numérica é feito substituindo-se $f(x)$ por $p_n(x)$, o erro cometido neste processo equivale à integral do erro cometido na interpolação, cuja expressão exata para polinômios de primeira ordem considerados na regra dos trapézios depende então da derivada de segunda ordem da função $f(x)$, na forma:

$$E_{Tr} = -\frac{mh^3}{12} f''(\varepsilon_x); \ \varepsilon_x \in [x_0, x_m] \tag{8.19}$$

Definindo-se

$$M_2 = \max_{x \in [x_0, x_m]} |f''(x)| \tag{8.20}$$

tem-se a seguinte limitação para o erro:

$$|E_{Tr}| \leq \frac{mh^3 M_2}{12} \tag{8.21}$$

Uma vez que

$$h = \frac{x_m - x_0}{m} \ ,$$

a equação (8.21) pode ainda ser escrita sob a forma:

$$|E_{Tr}| \leq \frac{(x_m - x_0)}{12} h^2 M_2 \tag{8.22}$$

A regra dos trapézios foi programada na função `trapezios.m`, apresentada a seguir:

```
function I=trapezios(x,fx)
% I => valor da integral
% [x,fx] => pontos conhecidos
np=max(size(x));
h=x(2)-x(1);
s=0;
for i=2:np-1,
    s=s+2*fx(i);
end;
I=(h/2)*(fx(1)+fx(np)+s);
```

Exercício proposto 8.1

Seja $I = \int_0^1 e^x dx$

a) Calcular uma aproximação para I usando 10 intervalos e a regra dos trapézios repetida;

b) Qual o número mínimo de subdivisões de modo que o erro cometido seja inferior a 10^{-3}?

8.2.2 Regra de Simpson (*n*=2, pontos conhecidos: $[x_0, f(x_0)], [x_1, f(x_1)], [x_2, f(x_2)]$)

Também conhecida como regra 1/3 de Simpson, consiste na substituição de $f(x)$ por um polinômio de ordem 2:

$$\int_a^b f(x)dx = \int_{x_0}^{x_2} f(x)dx \approx \int_{x_0}^{x_2} p_2(x)dx \qquad (8.22)$$

Substituindo-se $p_2(x)$ por sua forma obtida a partir da interpolação de Lagrange tem-se:

$$\int_{x_0}^{x_2} p_2(x)dx = A_0.f(x_0) + A_1.f(x_1) + A_2.f(x_2) \tag{8.23}$$

onde

$$\begin{aligned} A_0 &= \int_{x_0}^{x_2} \frac{(x-x_1)(x-x_2)}{(x_0-x_1)(x_0-x_2)}dx \\ A_1 &= \int_{x_0}^{x_2} \frac{(x-x_0)(x-x_2)}{(x_1-x_0)(x_1-x_2)}dx \\ A_2 &= \int_{x_0}^{x_2} \frac{(x-x_0)(x-x_1)}{(x_2-x_0)(x_2-x_1)}dx \end{aligned} \tag{8.24}$$

Efetuando-se a mesma substituição de variável do caso anterior, $x = x_0 + hz$, as integrais da equação (8.24) podem ser facilmente resolvidas, chegando-se aos seguintes resultados:

$$A_0 = \frac{h}{3}; \quad A_1 = \frac{4}{3}h; \quad A_2 = \frac{h}{3} \tag{8.25}$$

Substituindo-se (8.25) em (8.23) tem-se :

$$\int_{x_0}^{x_2} f(x)dx \approx \int_{x_0}^{x_2} p_2(x)dx = \frac{h}{3}[f(x_0) + 4f(x_1) + f(x_2)] \tag{8.26}$$

Conforme citado anteriormente, a divisão do intervalo $[a,b]$ em diversos subintervalos reduz significativamente os erros cometidos. Por exemplo, supondo-se 9 pontos conhecidos, o intervalo $[a,b]$ seria subdividido em quatro subintervalos, cada um destes formado com três pontos, conforme representado na Figura 8.6.

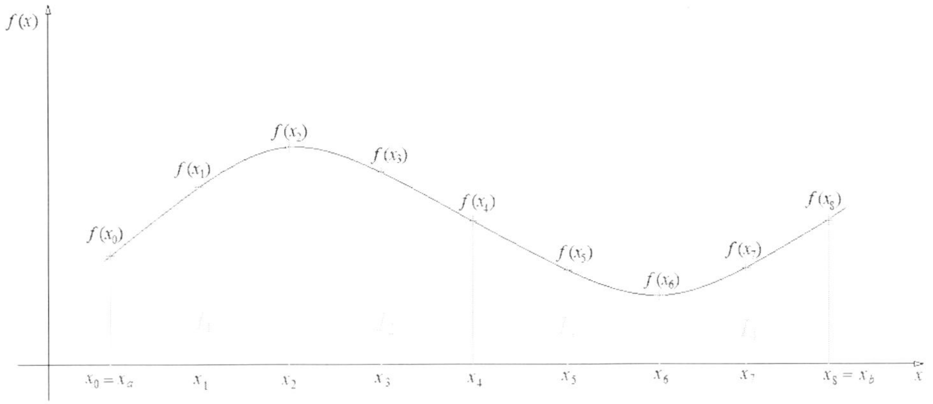

Figura 8.6 Formação dos intervalos na regra de Simpson.

Neste caso, a área abaixo da função $f(x)$ seria calculada de forma aproximada a partir da soma das integrais dos 4 subintervalos, na forma:

$$\int_{x_a}^{x_b} f(x)dx = \int_{x_0}^{x_8} f(x)dx \approx I_{Sr} = \sum_{i=1}^{4} I_i \tag{8.27}$$

$$\left.\begin{aligned} I_1 &= \frac{h}{3}\left[f(x_0)+4f(x_1)+f(x_2)\right] \\ I_2 &= \frac{h}{3}\left[f(x_2)+4f(x_3)+f(x_4)\right] \\ I_3 &= \frac{h}{3}\left[f(x_4)+4f(x_5)+f(x_6)\right] \\ I_4 &= \frac{h}{3}\left[f(x_6)+4f(x_7)+f(x_8)\right] \end{aligned}\right\} \text{somando - se todos estes termos tem - se}$$

$$\vdots$$

$$\int_{x_0}^{x_8} f(x)dx \approx I_{Sr} = \frac{h}{3}\{f(x_0)+f(x_8)+4[f(x_1)+f(x_3)+f(x_5)+f(x_7)]+2[f(x_2)+f(x_4)+f(x_6)]\}$$

Generalizando-se a equação acima para $m+1$ pontos (m par) tem-se:

$$\int_{x_0}^{x_m} f(x)dx \approx I_{Sr} = \frac{h}{3}\{f(x_0)+f(x_m)+4[f(x_1)+f(x_3)+\cdots+f(x_{m-1})]+ \\ +2[f(x_2)+f(x_4)+\cdots+f(x_{m-2})]\} \tag{8.28}$$

A equação (8.28) é conhecida como Regra de Simpson Repetida. As mesmas observações feitas com relação ao erro cometido na Regra dos Trapézios são também válidas neste caso, ficando a expressão do erro sob a forma:

$$E_{Sr} = -\frac{mh^5}{180} f^{iv}(\varepsilon_x); \ \varepsilon_x \in [x_0, x_m] \tag{8.29}$$

Definindo-se

$$M_4 = \max_{x \in [x_0, x_m]} |f^{iv}(x)| \tag{8.30}$$

tem-se as seguintes limitações para o erro cometido ao se utilizar a Regra de Simpson Repetida:

$$|E_{Sr}| \leq \frac{mh^5}{180} M_4 \tag{8.31}$$

ou ainda

$$|E_{Sr}| \leq \frac{(x_m - x_0)h^4}{180} M_4 \tag{8.32}$$

Em geral, a integração numérica a partir da Regra de Simpson Repetida é mais precisa do que a integração a partir da Regra dos Trapézios Repetida, uma vez que a primeira usa polinômios de grau 2 ao invés de interpolação por retas como é o caso da Regra dos Trapézios. É importante ressaltar que a utilização da regra de Simpson exige que se considere um número ímpar de pontos.

Exercício proposto 8.2

Repetir o exercício proposto anterior desta feita utilizando a Regra de Simpson Repetida.

A regra de Simpson foi programada na função `simpson.m`, apresentada a seguir.

```
function I=simpson(x,fx)
% I => valor da integral
% [x,fx] => pontos conhecidos
np=max(size(x)); % o número de pontos precisa ser ímpar
h=x(2)-x(1);
s1=0; s2=0;
for i=2:2:np-1,
    s1=s1+4*fx(i);
end;
for i=3:2:np-2,
    s2=s2+2*fx(i);
end;
I=(h/3)*(fx(1)+fx(np)+s1+s2);
```

8.3 Exemplos de Aplicação

Exemplo 8.4

Determine a integral definida $\int_0^6 \left[e^{wx} - x^2 + k\right]dx$ com os métodos Trapézios e Simpson. Compare as soluções numéricas com a solução analítica. Utilize um total de 11 pontos para gerar as soluções numéricas. Considere $w = 0.6$ e $k = 6$.

Solução:

A função a ser integrada possui a forma: $f(x) = e^{wx} - x^2 + k$. Como serão 11 pontos no intervalo [0 6], o passo de integração será $h = (6-0)/(11-1) = 0.6$. Inicialmente são gerados todos os 11 pontos $[x_i \;\; f(x_i)]$, no referido intervalo:

x	$x_0 = 0$	$x_1 = 0.6$	$x_2 = 1.2$	...	$x_9 = 5.4$	$x_{10} = 6$
$f(x)$	7	7.07332941	6.61443321	...	2.37372174	6.59823444

Solução por Trapézios:

$$I_{Tr} = \frac{h}{2}\{f(x_0) + f(x_{10}) + 2[f(x_1) + f(x_2) + \cdots + f(x_9)]\} = 23.60977915$$

Solução por Simpson:

$$I_{Sr} = \frac{h}{3}\{f(x_0) + f(x_{10}) + 4[f(x_1) + f(x_3) + \cdots + f(x_9)] + \\ + 2[f(x_2) + f(x_4) + \cdots + f(x_8)]\} = 23.3358427077$$

Solução analítica:

$$I_a = \int_0^6 \left[e^{wx} - x^2 + k\right]dx = \left[\frac{1}{w}e^{wx} - \frac{x^3}{3} + kx\right]_0^6 = 23.3303907394$$

Método	Erro absoluto	Erro relativo (%)
Trapézios	0.2793	1.197
Simpson	0.005452	0.0023

Exemplo 8.5

Um determinado sinal é gerado a partir da função:

$$s_i = e^{bt_i}\left[\sin(w_1 t_i) + k\cos(w_2 t_i)\right];\ t_i = 0:0.01:12;$$

Considera-se:

$$b = -0.35;\ w_1 = 0.25\pi;\ \ w_2 = 10\pi;\ \ k = 0.15;$$

Deseja-se integrar numericamente duas vezes seguidas este sinal e, posteriormente, derivar também duas vezes seguidas, de forma a tentar recuperar o sinal original.

Solução

Utiliza-se a regra dos trapézios para as integrações, assim como derivadas de primeira ordem para as derivações, conforme pode ser visto no programa a seguir.

```
close all
clear all
h=0.01; %passo de integração e derivação
t=0:h:12;
np=max(size(t));
s=exp(-0.035*t).*(sin(0.25*pi*t)+0.15*cos(10*pi*t));
figure
plot(t,s);grid;
pause
title('sinal original')
xlabel('tempo (s)')
pause
%primeira integração
soma=0;
for i=1:np-1,
    v=(h/2)*(s(i)+s(i+1));
    soma=soma+v;
    s1(i)=soma;
```

```
end,
%segunda integral
soma=0;
for i=1:np-2,
    v=(h/2)*(s1(i)+s1(i+1));
    soma=soma+v;
    s2(i)=soma;
end,
%primeira derivação
for i=1:np-3,
    s2d(i)=(s2(i+1)-s2(i))/h;
end,
%segunda drivação
for i=1:np-4,
    s1d(i)=(s2d(i+1)-s2d(i))/h;
end,
% comparação entre s => sinal original
% e s1d => sinal após duas integrações
% e duas derivações
figure
plot(t,s,t(1:np-4),s1d,'r');grid
legend('sinal original','sinal numerico')
xlabel('tempo (s)')
%pause
figure
erro=s(1:np-4)-s1d;
plot(t(1:np-4),erro);grid
title('erro numérico')
xlabel('tempo')
```

Os resultados podem ser vistos na Figura 8.7. Do lado esquerdo encontram-se as superposições dos sinais original e numérico, para dois diferentes passos de discretização. Do lado direito estão os erros, correspondentes às diferenças entre os sinais original e numérico. O sinal numérico passou por duas integrações e duas derivações sucessivas. Erros são cometidos em cada etapa de integração e derivação efetuada. Percebe-se que os erros diminuem quando se diminui o passo de discretização, fato já esperado uma vez que a diminuição do passo aproxima o sinal discreto do caso contínuo. É importante lembrar que o passo de discretização $h = t_{i+1} - t_i = cte$ corresponde ao mesmo passo utilizado tanto na integração quanto na derivação.

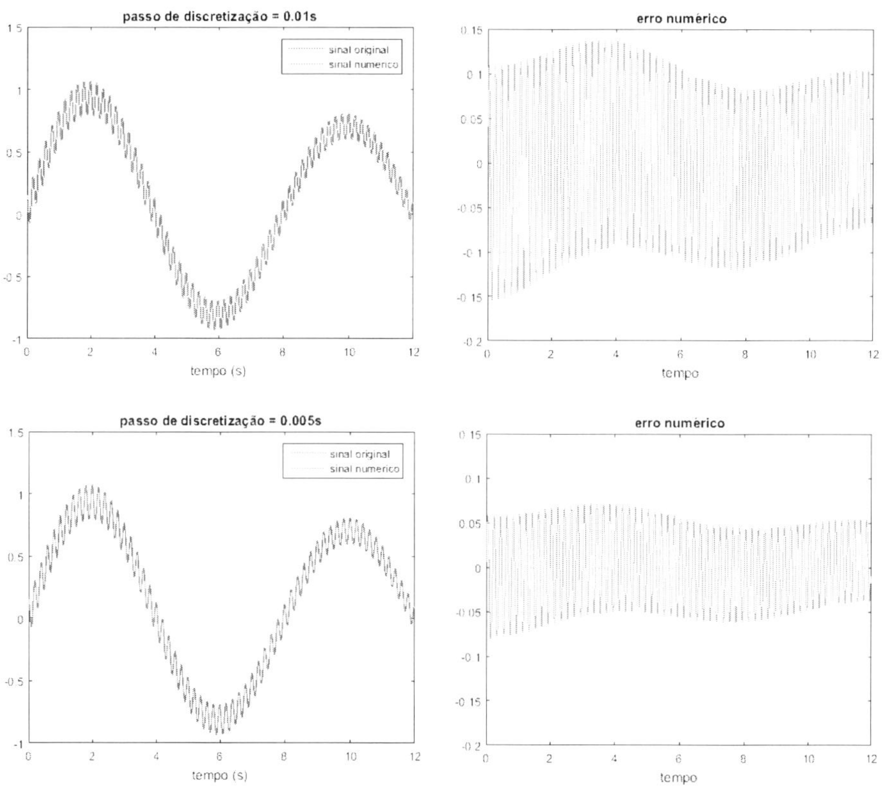

Figura 8.7 Duas integrações e duas derivações sucessivas em um determinado sinal.

Capítulo 9

Soluções Numéricas de Equações Diferenciais Ordinárias

9.1 Introdução

Fenômenos físicos geralmente podem ser modelados matematicamente a partir de equações diferenciais ordinárias ou parciais. Estas equações que representam sistemas físicos são frequentemente chamadas de modelos matemáticos e são fundamentais quando se deseja estudar o comportamento destes sistemas físicos ou realizar simulações, que constituem um exercício de previsão das variáveis de estado para futuros valores da ou das variáveis independentes. Por exemplo, o sistema físico conhecido como pêndulo simples (figura abaixo) possui o seguinte modelo matemático:

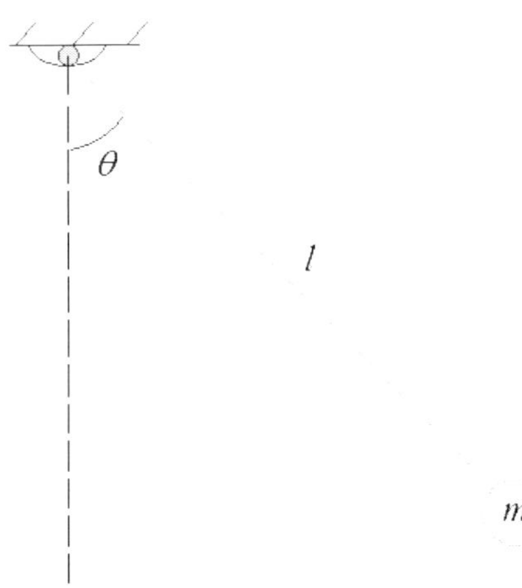

Figura 9.1 Um pêndulo simples com a massa do elo negligenciável.

$m \Rightarrow$ massa da carga terminal; $c \Rightarrow$ coeficiente de atrito; $l \Rightarrow$ comprimento do elo. Fazendo-se uso da segunda lei de Newton (formalismo Newtoniano de modelagem) ou do formalismo de Euler-Lagrange, chega-se à equação diferencial de segunda ordem que representa a dinâmica do sistema da Figura 8.1 (pêndulo simples):

$$\frac{d^2\theta}{dt^2} + \frac{c}{ml^2}\frac{d\theta}{dt} + \frac{g}{l}\sin(\theta) = 0$$

Uma aproximação linear seria válida considerando-se θ pequeno, de forma que $\sin(\theta) \approx \theta$:

$$\frac{d^2\theta}{dt^2} + \frac{c}{ml^2}\frac{d\theta}{dt} + \frac{g}{l}\theta = 0$$

As equações diferenciais de segunda ordem se destacam em importância com relação aos demais tipos de equações, principalmente porque a maioria dos modelos matemáticos representa um somatório de forças ou torques, escritos em função de acelerações lineares ou angulares, as quais correspondem a derivadas segunda do espaço (linear ou angular) com relação ao tempo.

Neste capítulo será dada ênfase à resolução numérica de equações diferenciais ordinárias (EDOs). Aqui cabe a seguinte pergunta: por que resolução numérica?

Certamente, se todos os modelos matemáticos admitissem solução analítica seria a situação ideal, porque se evitariam os erros comuns às soluções numéricas.

Porém, a natureza apresenta em geral comportamentos não lineares e para se ter modelos preditivos, estes devem também ser descritos por EDOs não lineares. O fato é que não se sabe ainda resolver analiticamente a maioria das equações diferenciais não lineares, sendo esta a razão da importância dos métodos numéricos.

Antes de prosseguir com a teoria, são necessárias algumas definições:

- Notações geralmente utilizadas:

$$\frac{dy}{dt} = \dot{y};\ \frac{dy}{dx} = y';\ \frac{d^n y}{dx^n} = y^{(n)} \tag{9.1}$$

9.2 Problema de Valor Inicial (PVI)

Convencionou-se chamar de Problema de Valor Inicial (PVI) ao conjunto EDO mais condição inicial, conforme o exemplo da equação (9.2), contendo uma EDO de ordem n, bem como n condições iniciais.

$$\begin{aligned} & y^{(n)} = f\left(x, y, y', y^{(2)}, \ldots, y^{(n-1)}\right) \\ & \left.\begin{array}{l} y(x_0) \\ y'(x_0) \\ y^{(2)}(x_0) \\ \vdots \\ y^{(n-1)}(x_0) \end{array}\right\} \text{Condições iniciais conhecidas em } x_0 \end{aligned} \tag{9.2}$$

Um exemplo mais concreto poderia ser o PVI que representa a dinâmica de um pêndulo simples, já apresentada anteriormente:

$$\ddot{\theta} = -\frac{c}{ml^2}\dot{\theta} - \frac{g}{l}\sin(\theta) \Rightarrow \text{EDO de segunda ordem}$$

$$\left.\begin{aligned} \theta(t_0) &= \theta_0 \\ \dot{\theta}(t_0) &= \dot{\theta}_0 \end{aligned}\right\} \text{condições iniciais}$$

A solução particular de uma EDO depende de se conhecer a solução em um determinado valor da variável independente, que no caso do exemplo acima é o tempo inicial t_0. Esta solução conhecida no valor inicial da variável independente é chamada de condição inicial. O leitor já pode perceber que uma EDO de ordem *n* necessita de *n* condições iniciais.

Um PVI também pode ser gerado com um sistema de equações diferenciais ordinárias, conforme o exemplo mostrado a seguir, no qual há duas EDOs de primeira ordem, com suas duas respectivas condições iniciais.

$$\begin{aligned} y_1' &= f_1(x, y_1, y_2) \\ y_2' &= f_2(x, y_1, y_2) \\ y_1(x_0) &= y_{10} \\ y_2(x_0) &= y_{20} \end{aligned}$$

Percebe-se também que um sistema de *n* EDOs de primeira ordem necessita de *n* condições iniciais.

9.3 Redução de um PVI de ordem superior

Os métodos numéricos para a solução de EDOs se aplicam a equações ou sistemas de equações de primeira ordem. Há então a necessidade de se reduzir equações de ordem *n* à primeira ordem.

Exemplo 9.1

Reduzir o seguinte PVI à primeira ordem:

$$\ddot{\theta} = -\frac{c}{ml^2}\dot{\theta} - \frac{g}{l}\sin(\theta) \quad \Rightarrow \text{EDO de segunda ordem}$$

$$\left.\begin{aligned} \theta(t_0) &= \theta_0 \\ \dot{\theta}(t_0) &= \dot{\theta}_0 \end{aligned}\right\} \text{condições iniciais}$$

Solução

São definidas inicialmente as seguintes equações:

$$y_1 = \theta; \quad y_2 = \dot{\theta}$$

Derivando-as com relação ao tempo tem-se:

$$\dot{y}_1 = \dot{\theta} = y_2$$

$$\dot{y}_2 = \ddot{\theta} = -\frac{c}{ml^2}y_2 - \frac{g}{l}\sin(y_1)$$

Com as seguintes condições iniciais:

$$y_1(t_0) = y_{10} = \theta_0$$

$$y_2(t_0) = y_{20} = \dot{\theta}_0$$

Portanto, uma EDO de segunda ordem transformou-se em duas de primeira ordem e, evidentemente, ambas as formas representam o mesmo sistema físico (pêndulo simples, neste exemplo). Na transformação de variáveis adotada, y_1 e y_2 passaram a ser a posição e a velocidade angulares, respectivamente. Frequentemente, torna-se conveniente escrever o sistema de EDOs no formato matricial. No caso deste exemplo, as duas EDOs formariam a seguinte equação matricial:

$$\begin{pmatrix} \dot{y}_1 \\ \dot{y}_2 \end{pmatrix} = \begin{bmatrix} 0 & 1 \\ 0 & -\dfrac{c}{ml^2} \end{bmatrix} \begin{pmatrix} y_1 \\ y_2 \end{pmatrix} + \begin{pmatrix} 0 \\ -\dfrac{g}{l}\sin(y_1) \end{pmatrix} \Rightarrow \dot{\vec{y}} = \vec{f}(\vec{y})$$

$\vec{y}$ é intitulado vetor de estado do sistema e suas componentes são chamadas de variáveis de estado, justamente porque estas definem completamente o estado (posição e velocidade) do sistema dinâmico. Eventualmente a função não linear $\vec{f}$ pode depender também explicitamente do tempo e tornar-se $\vec{f}(t, \vec{y})$.

Caso se considere uma aproximação linear para a dinâmica do pêndulo simples, sua EDO de segunda ordem seria:

$$\ddot{\theta} = -\frac{c}{ml^2}\dot{\theta} - \frac{g}{l}\theta$$

Reduzindo-o à primeira ordem (mesmo procedimento anterior):

$$\begin{pmatrix} \dot{y}_1 \\ \dot{y}_2 \end{pmatrix} = \begin{bmatrix} 0 & 1 \\ -\frac{g}{l} & -\frac{c}{ml^2} \end{bmatrix} \begin{pmatrix} y_1 \\ y_2 \end{pmatrix} \Rightarrow \dot{\vec{y}} = A\vec{y}$$

cuja condição inicial seria:

$\begin{pmatrix} y_1(t_0) \\ y_2(t_0) \end{pmatrix} = \begin{pmatrix} y_{10} \\ y_{20} \end{pmatrix} = \vec{y}_0$, condição que seria a mesma também para o caso não linear.

9.4 Solução Numérica de um PVI de Primeira Ordem (Métodos de Passo Simples)

A Figura 9.2 contém um esquema representativo do que pode acontecer ao se resolver numericamente um PVI em um determinado domínio discreto $[a, b] \Rightarrow x$ varia de a até b com um passo h (o domínio discreto também é chamado de malha do PVI).

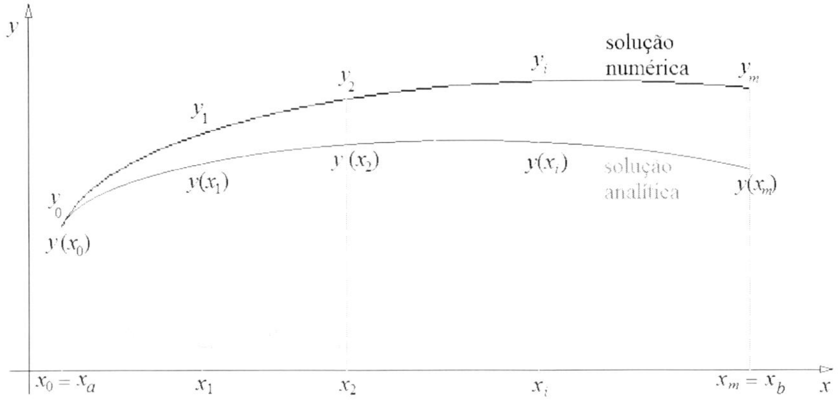

Figura 9.2 Representação gráfica das soluções analítica e numérica de um PVI.

Quando o método de integração é de passo simples, o processo numérico geralmente é o seguinte:

$h \Rightarrow$ passo de integração (atribuido);

$$\text{processo geralmente utilizado}: \begin{cases} \text{com } y(x_0) = y_0 \text{ (condição inicial)} \Rightarrow \text{calcula - se } y_1 \\ \text{com } y_1 \text{ calcula - se } y_2 \\ \text{"} \quad y_2 \quad \text{"} \quad y_3 \\ \vdots \\ \text{"} \quad y_{m-1} \quad \text{"} \quad y_m \end{cases}$$

Os métodos de passo simples caracterizam-se pelo fato de utilizarem apenas a informação y_{j-1} para calcularem o y_j, conhecendo-se, evidentemente, o passo constante de integração *h*. Tais métodos possuem a seguinte expressão geral:

$$\begin{aligned} & y_{j+1} = y_j + h\phi(x_j, y_j; h); \\ & \phi(x_j, y_j; h) \Rightarrow \text{função de incremento} \end{aligned} \tag{9.3}$$

Serão vistos a seguir alguns dos principais métodos de passo simples.

9.4.1 Solução numérica a partir da Série de Taylor

Considera-se o PVI:

$$\begin{aligned} & y' = f(x,y); \\ & y(x_j) = y_j \text{ conhecido} \end{aligned} \tag{9.4}$$

Expandindo-se $y(x)$ em série de Taylor em torno de x_j tem-se:

$$y(x) = y(x_j) + (x - x_j)y'(x_j) + \frac{(x - x_j)^2}{2!}y''(x_j) + \cdots + \frac{(x - x_j)^k}{k!}y^{(k)}(x_j) + \frac{(x - x_j)^{k+1}}{(k+1)!}y^{(k+1)}(\varepsilon_x) \tag{9.5}$$

Sendo ε_x tal que a derivada de ordem $k+1$ em ε_x assume o seu valor máximo no domínio discreto.

Considerando-se a expansão até a ordem k e aproximando-se $y(x_{j+1}) \approx y_{j+1}$, com $x_{j+1} = x_j + h$ tem-se:

$$\begin{aligned} & y_{j+1} = y_j + hy_j' + \frac{h^2}{2!}y_j'' + \cdots + \frac{h^k}{k!}y_j^{(k)} \\ & j = 0,1,\ldots,m-1 \Rightarrow \text{malha } [x_0, x_m],\ h = x_{j+1} - x_j = cte \end{aligned} \tag{9.6}$$

O grande inconveniente dos métodos de série de Taylor é a necessidade de se obter sucessivas derivadas da função $f(x,y)$ (equação (9.4)) e este fato pode gerar dificuldades, caso a função $f(x,y)$ seja complicada para se derivar analiticamente.

9.4.2 O Método de Euler

Trabalhando-se com $k = 1$, a solução numérica por série de Taylor (equação (9.6)) assume a forma do conhecido Método de Euler:

$$y_{j+1} = y_j + hf(x_j, y_j)$$
$$y(x_0) = y_0 \text{ conhecido} \tag{9.7}$$
$$\text{j} = 0, 1, \ldots, m - 1$$

O Método de Euler pode ser demonstrado geometricamente, a partir da propagação de uma reta tangente ao ponto solução anterior, conforme ilustrado na Figura 9.3. Assume-se que a EDO que se deseja integrar numericamente tem a forma da equação 9.4. Considera-se que a curva $y(x)$ corresponde à solução analítica e a $z(x)$ é esta mesma curva analítica, mas deslocada verticalmente. A partir do ponto condição inicial y_0 conhecido, encontra-se a equação da reta tangente a esse ponto (r_1), cujo coeficiente angular é a derivada da $y(x)$ no ponto $[x_0 \;\; y_0]$, equivalente a $f(x_0, y_0)$. A equação da reta r_1 corresponde a: $y - y_0 = f(x_0, y_0)(x - x_0)$. Portanto, para $x = x_1$ e considerando-se o passo $h = x_1 - x_0$ tem-se:

$y_1 = y_0 + hf(x_0, y_0)$

O mesmo procedimento pode ser repetido para a reta r_2 que é tangente ao primeiro ponto solução numérica $[x_1 \;\; y_1]$, de forma que se pode avaliar a solução numérica em x_2:

$y_2 = y_1 + hf(x_1, y_1)$

As duas equações anteriores permitem uma lógica generalização que resulta na equação do Método de Euler: $y_{j+1} = y_j + hf(x_j, y_j)$.

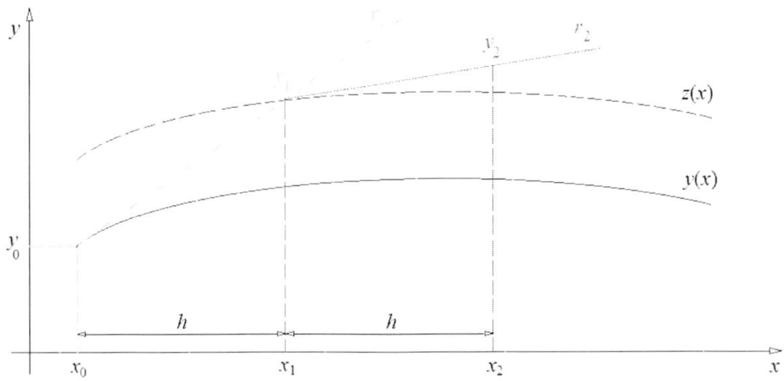

Figura 9.3 Retas de propagação da solução numérica a partir do Método de Euler.

Exemplo 9.2:

Utilizando o método de Euler, determine a solução numérica do PVI abaixo, na malha especificada.

$$y' = e^x; \text{para } x = 0 \Rightarrow y(0) = 0; \text{ malha : } [0 \quad 0.5], \text{ passo } h = 0.1$$

$$x_0 = 0; \; f(x, y) = e^x$$

para $j = 0,1,2,3,4;$

$$y_1 = y_0 + hf(x_0, y_0) = 0 + 0.1 * e^0 = 0.1; \; x_1 = x_0 + h = 0.1$$

$$y_2 = y_1 + hf(x_1, y_1) = 0.1 + 0.1 * e^{0.1} = 0.2105; \; x_2 = x_1 + h = 0.2$$

$$y_3 = y_2 + hf(x_2, y_2) = 0.2105 + 0.1 * e^{0.2} = 0.3326; \; x_3 = x_2 + h = 0.3$$

$$y_4 = y_3 + hf(x_3, y_3) = 0.3326 + 0.1 * e^{0.3} = 0.4676; \; x_4 = x_3 + h = 0.4$$

$$y_5 = y_4 + hf(x_4, y_4) = 0.4676 + 0.1 * e^{0.4} = 0.6168; \; x_5 = x_4 + h = 0.5$$

$$\text{solução analítica} \Rightarrow y(x) = e^x - 1 \Rightarrow y(x_5) = 0.648721271$$

$$\text{erro global } y(x_5) - y_5 = 0.0319$$

Deve ser observado ainda que no caso de um sistema de equações diferenciais semelhante à equação (9.8),

$$\begin{aligned} y_1' &= f_1(x, y_1, y_2, \dots, y_n) \\ y_2' &= f_2(x, y_1, y_2, \dots, y_n) \\ \vdots & \qquad \vdots \\ y_n' &= f_n(x, y_1, y_2, \dots, y_n) \end{aligned} \tag{9.8}$$

a equação básica do método de Euler é aplicada n vezes em cada passo de integração:

$$y_{i_{(j+1)}} = y_{i_{(j)}} + h f_i\left(x_j, y_{1_{(j)}}, y_{2_{(j)}}, \dots, y_{n_{(j)}}\right); \begin{cases} j = 0,1,2,\dots,m \Rightarrow \text{malha } [x_0, x_m], \text{ e para cada } j, \\ i = 1,2,\dots,n \Rightarrow \text{número de EDOs} \end{cases} \tag{9.9}$$

Este esquema que resultou na equação (9.9) é básico para qualquer método numérico que se destine a resolver sistemas de equações. Em resumo, a solução de n equações diferenciais em uma determinada malha a partir de um método numérico qualquer, consiste na aplicação do método individualmente às n equações diferenciais em cada passo de integração, percorrendo assim toda a malha do PVI.

O sistema (9.8) pode ser escrito no seguinte formato vetorial:

$$\vec{y}' = \vec{f}(x, \vec{y}) \tag{9.10}$$

com condição inicial na forma: $\vec{y}(x_0) = \vec{y}_0$

O método de Euler aplicado à solução do sistema de EDOs (9.10) pode ser resumido na seguinte equação:

$$\begin{aligned} &\vec{y}_{j+1} = \vec{y}_j + h\vec{f}(x_j, \vec{y}_j) \\ &\vec{y}(x_0) = \vec{y}_0 \text{ conhecido} \\ &\text{j} = 0, 1, \ldots, m - 1 \end{aligned} \tag{9.11}$$

Exemplo 9.3

Encontre os primeiros quatro passos de integração do PVI relativo à dinâmica do sistema massa-mola-amortecedor da figura abaixo, considerando $u(t) = 0$. Os parâmetros do sistema dinâmico são: $m = 2kg; k = 10N/m; c = 0.35Ns/m$. No tempo $t = 0$ a massa tem velocidade nula e posição equivalente a 0.5 *m*. Utilize o passo de integração $h = 0.1s$.

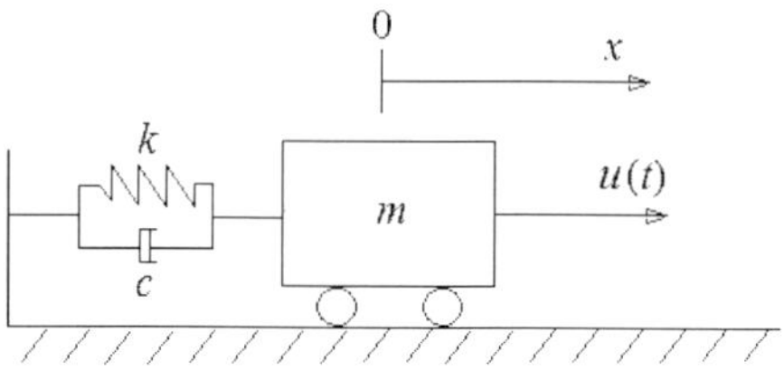

Solução

O modelo dinâmico desse sistema pode ser encontrado utilizando-se o formalismo Newtoniano. Como a força externa é nula, este modelo pode ser escrito na forma:

$$\ddot{x} = -\frac{c}{m}\dot{x} - \frac{k}{m}x$$

O procedimento a seguir o reduz à primeira ordem:

São definidas as equações: $y_1 = x$; $y_2 = \dot{x}$. Derivando-as com relação ao tempo:

$\dot{y}_1 = \dot{x} = y_2$; $\dot{y}_2 = \ddot{x} = -\frac{c}{m}y_2 - \frac{k}{m}y_1$. Escrevendo-as em um formato matricial tem-se

$$\begin{pmatrix} \dot{y}_1 \\ \dot{y}_2 \end{pmatrix} = \begin{bmatrix} 0 & 1 \\ -\dfrac{k}{m} & -\dfrac{c}{m} \end{bmatrix} \begin{pmatrix} y_1 \\ y_2 \end{pmatrix}, \text{ cuja condição inicial é: } \begin{pmatrix} y_1(0) \\ y_2(0) \end{pmatrix} = \begin{pmatrix} 0.5 \\ 0 \end{pmatrix}.$$

O PVI pode ser escrito na seguinte forma compacta:

$$\dot{\vec{y}} = A\vec{y} = \vec{f}(t, \vec{y})$$

$$\vec{y}_0 = \begin{pmatrix} 0.5 \\ 0 \end{pmatrix}$$

A solução com o método de Euler é determinada com a utilização da equação (9.11):

1º passo ($j = 0$)

$$\vec{y}_1 = \vec{y}_0 + h\vec{f}(t_0, \vec{y}_0) = \begin{pmatrix} 0.5 \\ 0 \end{pmatrix} + 0.1 \begin{bmatrix} 0 & 1 \\ -5 & -0.25 \end{bmatrix} \begin{pmatrix} 0.5 \\ 0 \end{pmatrix} = \begin{pmatrix} 0.5 \\ -0.25 \end{pmatrix};$$

$$t_1 = t_0 + h = 0.1$$

2º passo ($j = 1$)

$$\vec{y}_2 = \vec{y}_1 + h\vec{f}(t_1, \vec{y}_1) = \begin{pmatrix} 0.5 \\ -0.25 \end{pmatrix} + 0.1 \begin{bmatrix} 0 & 1 \\ -5 & -0.25 \end{bmatrix} \begin{pmatrix} 0.5 \\ -0.25 \end{pmatrix} = \begin{pmatrix} 0.475 \\ -0.49375 \end{pmatrix};$$

$$t_2 = t_1 + h = 0.2$$

3º passo ($j = 2$)

$$\vec{y}_3 = \vec{y}_2 + h\vec{f}(t_2, \vec{y}_2) = \begin{pmatrix} 0.474 \\ -0.49375 \end{pmatrix} + 0.1 \begin{bmatrix} 0 & 1 \\ -5 & -0.25 \end{bmatrix} \begin{pmatrix} 0.474 \\ -0.49375 \end{pmatrix} = \begin{pmatrix} 0.425625 \\ -0.718906 \end{pmatrix};$$

$$t_3 = t_2 + h = 0.3$$

4º passo ($j = 3$)

$$\vec{y}_4 = \vec{y}_3 + h\vec{f}(t_3, \vec{y}_3) = \begin{pmatrix} 0.425625 \\ -0.718906 \end{pmatrix} + 0.1 \begin{bmatrix} 0 & 1 \\ -5 & -0.25 \end{bmatrix} \begin{pmatrix} 0.425625 \\ -0.718906 \end{pmatrix} = \begin{pmatrix} 0.353734 \\ -0.913746 \end{pmatrix};$$

$$t_4 = t_3 + h = 0.4$$

O Método de Euler foi implementado já generalizado, de forma a resolver numericamente uma única EDO ou um sistema de EDOs, conforme visto na função `intuler.m` mostrada na sequência. É importante ressaltar que esta função chama a função `der.m` que contém a EDO a ser integrada. A `inteuler.m` não muda, ou seja, permanece válida para qualquer EDO ou sistema de EDOs. Entretanto, a `der.m` deve ser modificada sempre que se desejar integrar numericamente outro sistema de EDOs.

```
function [vt,vy]=inteuler(t0,tf,h,y0)
% vt => vetor com a variável independente (malha do PVI)
% vy => matriz com a solução numérica
% t0 => tempo inicial
% tf => tempo final
% h => passo de integração
% y0 => condição inicial
i=1;
vt(i)=t0;
vy(i,:)=y0;
t=t0;
while t<=tf,
    y=y0+h*der(t,y0);
    t=t+h;
    i=i+1;
    vt(i)=t;
    vy(i,:)=y;
    y0=y;
end,
```

Exemplo 9.4

Realizar uma simulação com o sistema dinâmico do exemplo 9.3 para o tempo $t \in [0 \quad 16]$, considerando dois tamanhos de passo: $h = 0.01s$ e $h = 0.005s$.

Comparar os resultados numéricos com o resultado oriundo da solução analítica, mostrando o erro numérico de forma gráfica.

Solução

A condição inicial para a simulação é:

$$\vec{y}_0 = \begin{bmatrix} 0.5 \\ 0 \end{bmatrix}$$

O modelo dinâmico é descrito a partir da seguinte EDO:

$$\begin{pmatrix} \dot{y}_1 \\ \dot{y}_2 \end{pmatrix} = \begin{bmatrix} 0 & 1 \\ -\dfrac{k}{m} & -\dfrac{c}{m} \end{bmatrix} \begin{pmatrix} y_1 \\ y_2 \end{pmatrix} \Rightarrow \dot{\vec{y}} = A\vec{y}$$

Portanto, a função `der.m` terá a seguinte estrutura:

```
function d=der(t,y)
m=2; c=0.5; k=10;
A=[0 1;-k/m -c/m];
B=[0;1/m];
u=0;
d=A*y+B*u;
```

A solução analítica para essa EDO homogênea ($u(t) = 0$) corresponde a:

$$\vec{y}(t) = e^{At}\vec{y}_0$$

Portanto, envolverá a utilização de uma função interna do MATLAB que calcula a exponencial de matrizes (`expm`). O programa `simeuler.m` mostrado a seguir reúne a sequência de comandos necessários à simulação e à posterior comparação entre os resultados numérico e analítico.

Programa `simeuler.m`

```
clear all
close all
m=2; k=10; c=0.5;
A=[0 1;-k/m -c/m];
y0=[0.5;0];
t0=0;tf=9; h=0.01;
[vt,vy]=inteuler(t0,tf,h,y0);
n=max(size(vt));
for i=1:n,
  vya(i,:)=expm(A*vt(i))*y0;
end,
subplot(221)
plot(vt,vy,'b',vt,vya,'r')
axis([0 9 -1.1 1])
grid
title('passo h=0.01s')
subplot(222)
plot(vt,vya-vy);
axis([0 9 -0.1 0.1])
grid
title('erro, h=0.01s')
h=0.005;
[vt,vy]=inteuler(t0,tf,h,y0);
n=max(size(vt));
for i=1:n,
  vya(i,:)=expm(A*vt(i))*y0;
end,
subplot(223)
plot(vt,vy,'b',vt,vya,'r')
axis([0 9 -1.1 1])
grid
title('passo h=0.005s')
xlabel('tempo (s)')
subplot(224)
plot(vt,vya-vy);
axis([0 9 -0.1 0.1])
grid
```

```
title('erro, h=0.005s')
xlabel('tempo (s)')
```

A saída gráfica do programa `simeuler.m` pode ser vista na Figura 9.4. Do lado esquerdo encontram-se as superposições entre os resultados numérico (azul) e analítico (vermelho), enquanto do lado direito encontram-se os respectivos erros oriundos dessa comparação. Percebe-se que quando o tamanho do passo é reduzido à metade, os erros também são reduzidos na mesma proporção. O leitor pode distinguir posição e velocidade nos gráficos porque a posição começa em 0.5, enquanto a velocidade parte do zero.

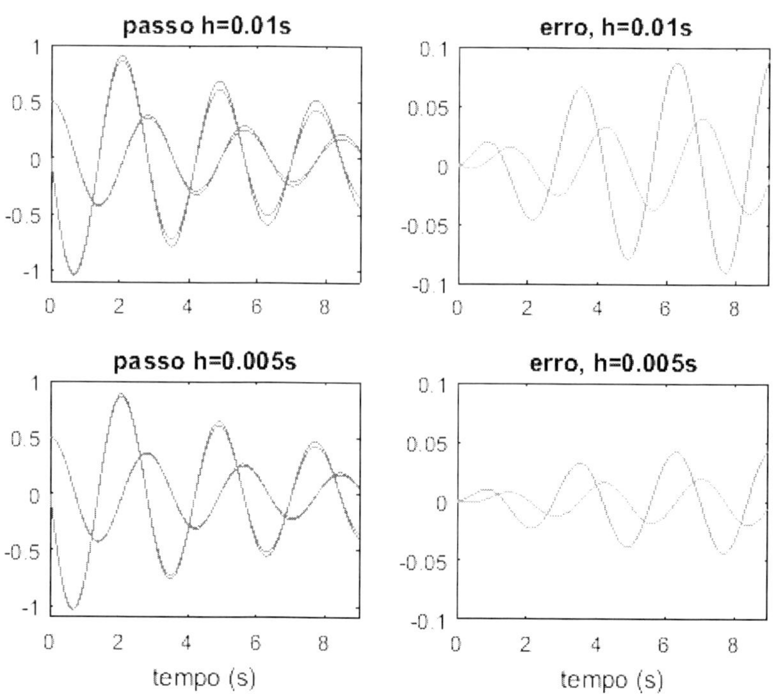

Figura 9.4 Simulações com o método de Euler e comparações com a solução analítica (em vermelho); erros na velocidade em vermelho.

9.4.3 Erro Local de Truncamento (ELT) e Erro Global de Truncamento (EGT)

Inicialmente são consideradas duas propagações sucessivas com o método de Euler, representadas na Figura 9.5. A primeira corresponde ao primeiro passo, cuja aproximação numérica y_1 é o ponto da reta r_1 para $x = x_1$. O erro global de truncamento nesse primeiro passo (EGT_1) corresponde à solução analítica menos a numérica em $x = x_1$. Observa-se que, neste primeiro passo, o erro local de truncamento (ELT_1) é igual ao EGT_1. Observa-se ainda que o $ELT_2 = EGT_2 - EGT_1$, ou seja, o erro local é o global atual menos o global anterior, caracterizando-se assim como a contribuição do erro relativa apenas ao passo atual. Pode ser dito ainda que o erro global acumula todos os erros locais.

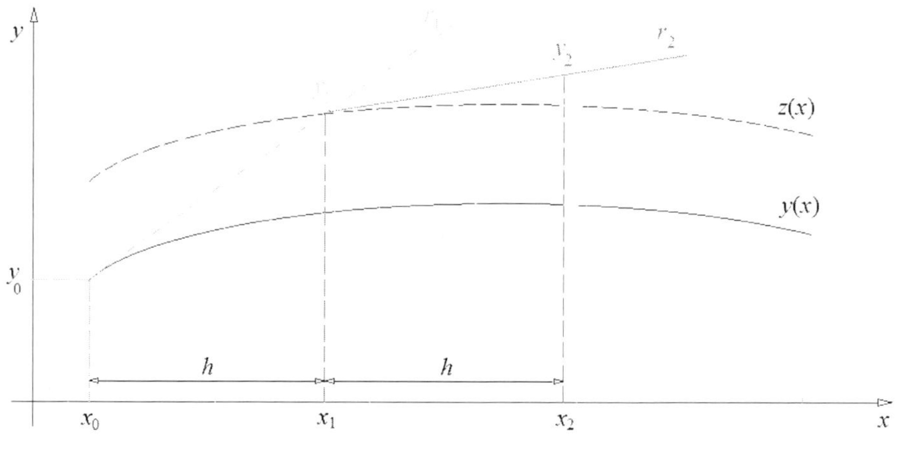

Figura 9.5 Representação gráfica dos erros local e global de truncamento ($y(x) \Rightarrow$ solução analítica; $z(x) \Rightarrow$ solução analítica deslocada).

9.4.4 Ordem de um Método de Passo Simples

De uma forma geral, diz-se que um método de integração numérica é de ordem r, se r for o maior inteiro para o qual:

$$\text{ELT} = y(x+h) - [y(x) + h\phi(x, y(x); h)] = \sigma(h^{r+1}) \tag{9.12}$$

ou seja, se o ELT for uma função do passo elevado a $r+1$, diz-se que o método é de ordem r. Esta conclusão deriva diretamente da série de Taylor, uma vez que os métodos de passo simples, inclusive os do tipo Runge-Kutta apresentados na sequência deste capítulo, são oriundos desta série (truncando-se a expansão na ordem r, o erro devido ao truncamento é função do passo elevado a $r+1$).

Como exemplo, considera-se a demonstração de que o método de Euler é de ordem 1.

No método de Euler:

$$\phi(x, y(x); h) = f(x, y(x)) = y'$$

da equação (9.12) tem-se:

$$\text{ELT} = y(x+h) - [y(x) + hf(x, y(x))]$$

expandindo-se $y(x+h)$ em série de Taylor (até a ordem 2):

$$\text{ELT} = y(x) + hf(x, y(x)) + \frac{h^2}{2!} f'(\varepsilon_x, y(\varepsilon_x)) - [y(x) + hf(x, y(x))]$$

portanto:

$$\text{ELT} = \frac{h^2}{2!} f'(\varepsilon_x, y(\varepsilon_x)) = \sigma(h^{r+1}) \Rightarrow r = 1$$

9.5 Métodos de Runge-Kutta

Os métodos de Runge-Kutta fazem parte do conjunto dos métodos de passo simples e são equivalentes (mesma ordem) aos métodos de série de Taylor, com algumas vantagens:

- não há a necessidade de se calcular as derivadas $\left(y''(x_j), y'''(x_j), \ldots, y^{(k)}(x_j)\right)$;
- em compensação, avalia-se várias vezes a função $y' = f(x, y)$ por passo de integração.

9.5.1 Runge-Kutta de 2ª Ordem (RK2)

Considera-se inicialmente a equação geral dos métodos de passo simples:

$$y_{j+1} = y_j + h\phi(x_j, y_j; h); \quad j = 0,1,\ldots,m-1 \tag{9.13}$$

Adotando-se

$$\phi(x_j, y_j; h) = \alpha k_1 + \beta k_2 \tag{9.14}$$

tem-se:

$$y_{j+1} = y_j + h(\alpha k_1 + \beta k_2); \quad j = 0,1,\ldots,m-1 \tag{9.15}$$

onde α e β são constantes a serem determinadas.

Definindo-se

$$\begin{aligned} k_1 &= f(x_j, y_j) \\ k_2 &= f\left(x_j + ph, y_j + qhf(x_j, y_j)\right) \end{aligned} \tag{9.16}$$

onde p e q são duas novas constantes a serem determinadas (a razão destas definições ficará evidente quando o leitor observar a interpretação gráfica do método), pode-se expandir k_2 em série de Taylor (até a primeira ordem) de duas variáveis:

$$k_2 = f(x_j, y_j) + ph\frac{\partial f}{\partial x}(x_j, y_j) + qhf(x_j, y_j)\frac{\partial f}{\partial y}(x_j, y_j) + \sigma(h^2) \quad (9.17)$$

Observa-se que $\sigma(h^2)$ corresponde ao erro devido ao truncamento da série na primeira ordem, erro este que é função do passo ao quadrado.

Substituindo-se k_1 e k_2 na equação (9.15) tem-se:

$$y_{j+1} = y_j + h[(\alpha+\beta)f(x_j, y_j)] + h^2\left[\beta p\frac{\partial f}{\partial x}(x_j, y_j) + \beta qf(x_j, y_j)\frac{\partial f}{\partial y}(x_j, y_j)\right] + \sigma(h^3)$$

(9.18)

Ao expandir-se a solução analítica $y(x)$ até a ordem 2 em torno de x_j tem-se (lembrar que $y' = f(x, y)$ é a equação original que se deseja integrar numericamente):

$$y(x) = y(x_j) + hf(x_j, y_j) + \frac{h^2}{2}f'(x_j, y_j) + \sigma(h^3) \quad (9.19)$$

Observa-se ainda que:

$$f'(x_j, y(x_j)) = \frac{\partial f}{\partial x}(x_j, y(x_j)) + f(x_j, y(x_j))\frac{\partial f}{\partial y}(x_j, y(x_j)) \quad (9.20)$$

Substituindo-se a equação (9.20) na (9.19) chega-se à expressão:

$$y(x) = y(x_j) + hf(x_j, y(x_j)) + \frac{h^2}{2}\left[\frac{\partial f}{\partial x}(x_j, y(x_j)) + f(x_j, y(x_j))\frac{\partial f}{\partial y}(x_j, y(x_j))\right] + \sigma(h^3)$$

(9.21)

Comparando-se os termos de mesma ordem com relação a h das equações (9.18) e (9.21) obtém-se as seguintes equações (observa-se que a comparação implica na suposição de que as soluções analíticas e numéricas são muito próximas, ou seja, $y_j \approx y(x_j)$):

$$(\alpha + \beta)f(x_j, y_j) = f(x_j, y(x_j)) \quad \Rightarrow \quad \alpha + \beta = 1 \tag{9.22}$$

$$\beta p\frac{\partial f}{\partial x}(x_j, y_j) + \beta qf(x_j, y_j)\frac{\partial f}{\partial y}(x_j, y_j) = \frac{1}{2}\frac{\partial f}{\partial x}(x_j, y(x_j)) + \frac{1}{2}f(x_j, y(x_j))\frac{\partial f}{\partial y}(x_j, y(x_j))$$

(9.23)

Portanto,

$$\beta p = \frac{1}{2} \tag{9.24}$$

$$\beta q = \frac{1}{2} \tag{9.25}$$

As equações (9.22), (9.24) e (9.25) constituem um sistema com três equações e quatro incógnitas. Arbitrando-se:

$$\beta = \frac{1}{2}$$

tem-se:

$$\alpha = \frac{1}{2}$$

$$p = 1$$

$$q = 1$$

As equações (9.15) e (9.16), juntamente com os valores das constantes acima, constituem a mais conhecida das formas do RK2:

$$y_{j+1} = y_j + \frac{h}{2}(k_1 + k_2); \quad j = 0,1,\ldots,m-1$$

$$k_1 = f(x_j, y_j) \tag{9.26}$$

$$k_2 = f(x_j + h, y_j + hk_1)$$

O RK2 apresentado na equação (9.26) é também conhecido como método de Euler melhorado. Deve ser observado ainda que um valor diferente de 0.5 poderia ter sido atribuído à constante β, obtendo-se então outras formas de RK2.

A Figura 9.6 ilustra geometricamente as diferenças entre os métodos de Euler e RK2. O método de Euler estima a solução numérica y_1^e a partir de uma reta tangente à curva solução analítica $y(x)$ no ponto (x_0, y_0), que corresponde à condição inicial. Esta reta tangente está sendo chamada de r_1, conforme visto na Figura 9.6. A reta r_2 é tangente à curva solução analítica deslocada $z(x)$, em x igual a x_1. O coeficiente angular da reta r_0 é obtido a partir da média aritmética dos coeficientes das retas r_1 e r_2. A reta r de propagação numérica para a estimativa do y_1 a partir do RK2 tem o mesmo coeficiente angular da reta r_0, partindo do ponto (x_0, y_0). Observa-se que a solução numérica com o RK2 (y_1) é mais próxima da solução analítica $y(x_1)$ do que a solução numérica com o método de Euler (y_1^e). Em síntese:

$$k_1 = f(x_0, y_0) \Rightarrow \text{coef. angular de } r_1$$

$$k_2 = f(x_1, y_1^e) = f(x_0 + h, y_0 + hf(x_0, y_0)) = f(x_0 + h, y_0 + hk_1) \Rightarrow \begin{cases} \text{coef. angular} \\ \text{de } r_2 \end{cases}$$

$$k = \frac{k_1 + k_2}{2} \Rightarrow \text{coef. angular de } r$$

Portanto, k é o coeficiente angular da reta de propagação numérica do RK2, de forma que:

$y_1 = y_0 + hk = y_0 + \dfrac{h}{2}(k_1 + k_2) \Rightarrow$ primeiro passo de integração com o RK2. A fórmula final do RK2 corresponde à generalização considerando-se um passo j qualquer:

$$y_{j+1} = y_j + \frac{h}{2}(k_1 + k_2) \Rightarrow k_1 = f(x_j, y_j); \qquad k_2 = f(x_j + h, y_j + hk_1);$$

$j = 0,1,\ldots$

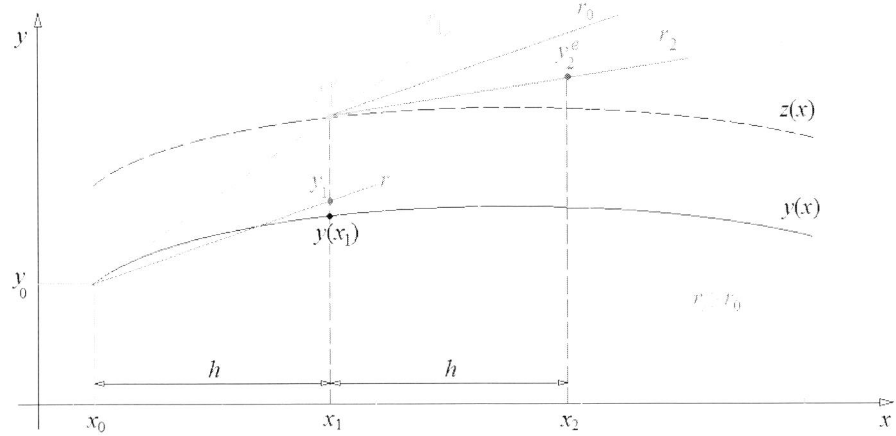

Figura 9.6 Interpretação geométrica ressaltando as retas de propagação dos métodos de Euler e RK2.

Como as ordens dos métodos de Runge-Kutta são equivalentes às dos métodos de série de Taylor, o erro local de truncamento do RK2 pode ser estimado a partir da equação:

$$\text{ELT}(x_j) = \frac{h^3}{3!}\, y^{(3)}(\xi_x); \quad x_{j-1} < \xi_x < x_j \tag{9.27}$$

A função `rk2.m` mostra a programação do RK2. Pode ser visto que esta função chama a `der.m`, que contém a EDO a ser integrada.

```
function [vt,vy]=rk2(t0,tf,h,y0)
% vt => vetor com o tempo [illegible]
% vy => vetor com a solução numérica
% t0 => tempo inicial
% tf => tempo final
% h => passo de integração
% y0 => condição inicial
i=1;
vt(i)=t0;
vy(i,:)=y0;
t=t0;
```

```
while t<=tf,
    k1=der(t,y0);
    k2=der(t+h,y0+h*k1);
    y=y0+(h/2)*(k1+k2);
    t=t+h;
    i=i+1;
    vt(i)=t;
    vy(i,:)=y;
    y0=y;
end,
```

Exemplo 9.5

Utilizando o RK2, resolver o mesmo problema do exemplo 9.4.

Solução

Repetindo a EDO do problema (modelo dinâmico):

$$\begin{pmatrix} \dot{y}_1 \\ \dot{y}_2 \end{pmatrix} = \begin{bmatrix} 0 & 1 \\ -\dfrac{k}{m} & -\dfrac{c}{m} \end{bmatrix} \begin{pmatrix} y_1 \\ y_2 \end{pmatrix} \Rightarrow \dot{\vec{y}} = A\vec{y}$$

com a seguinte condição inicial:

$$\vec{y}_0 = \begin{bmatrix} 0.5 \\ 0 \end{bmatrix}$$

Este modelo dinâmico está programado na função `der.m`.

Os comandos no MATLAB para a solução deste problema com o RK2 estão resumidos no programa `simrk2.m`, mostrado a seguir:

Programa `simrk2.m`

```
clear all
close all
m=2; k=10; c=0.5; % parâmetros do modelo dinâmico
A=[0 1;-k/m -c/m]; % matriz da dinâmica
y0=[0.5;0]; % condição inicial
```

```
t0=0;tf=9; h=0.01;
[vt,vy]=rk2(t0,tf,h,y0);
n=max(size(vt));
for i=1:n,
  vya(i,:)=expm(A*vt(i))*y0;
end,
subplot(221)
plot(vt,vy,'b',vt,vya,'r')
axis([0 9 -1.1 1])
grid
title('passo h=0.01s')
subplot(222)
plot(vt,vya-vy);
axis([0 9 -7e-4 7e-4])
grid
title('erro, h=0.01s')
h=0.005;
[vt,vy]=rk2(t0,tf,h,y0);
n=max(size(vt));
for i=1:n,
  vya(i,:)=expm(A*vt(i))*y0;
end,
subplot(223)
plot(vt,vy,'b',vt,vya,'r')
axis([0 9 -1.1 1])
grid
title('passo h=0.005s')
xlabel('tempo (s)')
subplot(224)
plot(vt,vya-vy);
axis([0 9 -7e-4 7e-4])
grid
title('erro, h=0.005s')
xlabel('tempo (s)')
```

Os resultados gráficos das comparações do RK2 com a solução analítica para este problema estão resumidos na Figura 9.7. Do lado esquerdo há confrontações entre simulação numérica (azul) e analítica (vermelho), mas não são mais perceptíveis diferenças entre as soluções numéricas e a analítica. Do lado direito encontram-se os erros (em azul a posição e em vermelho a velocidade). Os erros com o RK2 foram mil vezes menores do que os erros com o método de Euler. Conforme já esperado, os erros são menores para menores tamanhos de passo.

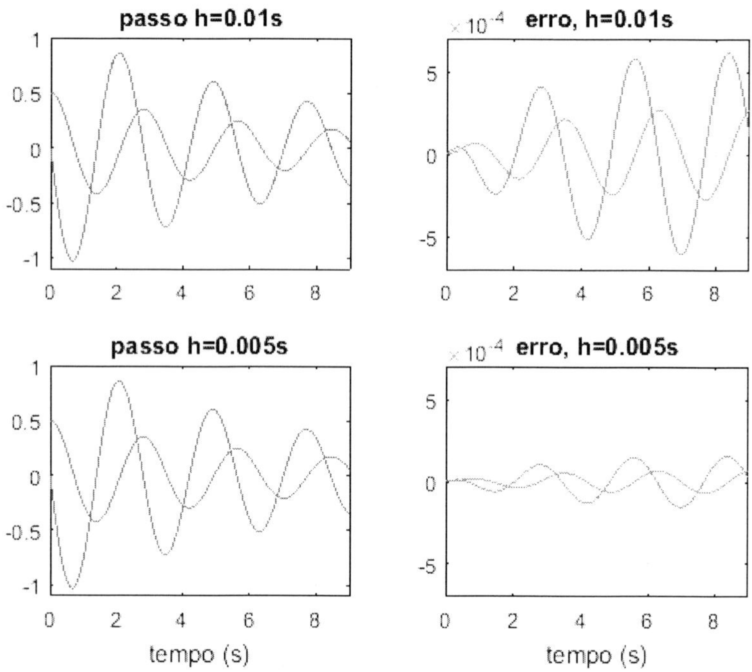

Figura 9.7 Simulações com o RK2 e comparações com a solução analítica (em vermelho); erros na velocidade em vermelho.

9.5.2 Runge-Kutta de 4ª Ordem (RK4)

O processo matemático para a obtenção dos Runge-Kuttas de ordens superiores é semelhante ao utilizado para o RK2, aumentando evidentemente o número de parâmetros a serem determinados. Conforme visto anteriormente, o

RK2 utiliza a média aritmética de dois coeficientes angulares de retas tangentes à função $y(x)$ em x_j e x_{j+1}. O RK4 utiliza uma média ponderada de quatro coeficientes angulares: dois relativos a retas tangentes a esta função avaliada nos extremos do intervalo (x_j e x_{j+1}) e dois no ponto intermediário ($x_j+h/2$). O RK4 avalia quatro vezes as derivadas (EDO que se deseja integrar) por passo de integração e sua equação geral pode ser escrita na forma:

$$y_{j+1} = y_j + \frac{h}{6}\left[k_1 + 2(k_2 + k_3) + k_4\right]; \quad j = 0,1,\ldots,m-1$$

$$k_1 = f(x_j, y_j)$$

$$k_2 = f\left(x_j + \frac{h}{2}, y_j + \frac{h}{2}k_1\right) \tag{9.28}$$

$$k_3 = f\left(x_j + \frac{h}{2}, y_j + \frac{h}{2}k_2\right)$$

$$k_4 = f(x_j + h, y_j + hk_3)$$

O erro local de truncamento para o RK4 pode ser estimado a partir da equação:

$$\text{ELT}(x_j) = \frac{h^5}{5!} y^{(5)}(\xi_x); \quad x_{j-1} < \xi_x < x_j \tag{9.29}$$

O RK4 foi implementado na função `rk4.m`, apresentada a seguir:

```
function [vt,vy]=rk4(t0,tf,h,y0)
% vt => vetor com o tempo (malha do PVI)
% vy => vetor com a solução numérica
% t0 => tempo inicial
% tf => tempo final
% h => passo de integração
% y0 => condição inicial
i=1;
vt(i)=t0;
vy(i,:)=y0;
t=t0;
while t<=tf,
    k1=der(t,y0);
    k2=der(t+h/2,y0+(h/2)*k1);
    k3=der(t+h/2,y0+(h/2)*k2);
    k4=der(t+h,y0+h*k3);
    y=y0+(h/6)*(k1+2*(k2+k3)+k4);
    t=t+h;
    i=i+1;
    vt(i)=t;
    vy(i,:)=y;
    y0=y;
end,
```

Exemplo 9.6

Usando o RK4, resolver o mesmo problema do exemplo anterior.

Solução:

Como nos casos anteriores, a EDO a ser integrada encontra-se na função `der.m`. O programa `simrk4.m`, apresentado a seguir, reúne os principais comandos necessários à simulação com o RK4 e posterior comparação entre as soluções numéricas (com os dois tamanhos de passo: h=0.01s e h=0.005s) e analítica.

Programa `simrk4.m`

```
clear all
close all
m=2; k=10; c=0.5;
A=[0 1;-k/m -c/m];
y0=[0.5;0];
t0=0;tf=9; h=0.01;
[vt,vy]=rk4(t0,tf,h,y0);
n=max(size(vt));
for i=1:n,
  vya(i,:)=expm(A*vt(i))*y0;
end,
subplot(221)
plot(vt,vy,'b',vt,vya,'r')
axis([0 9 -1.1 1])
grid
title('passo h=0.01s')
subplot(222)
plot(vt,vya-vy);
axis([0 9 -2e-8 2e-8])
grid
title('erro, h=0.01s')
h=0.005;
[vt,vy]=rk4(t0,tf,h,y0);
n=max(size(vt));
for i=1:n,
  vya(i,:)=expm(A*vt(i))*y0;
end,
subplot(223)
plot(vt,vy,'b',vt,vya,'r')
axis([0 9 -1.1 1])
grid
title('passo h=0.005s')
xlabel('tempo (s)')
subplot(224)
plot(vt,vya-vy);
axis([0 9 -2e-8 2e-8])
```

```
grid
title('erro, h=0.005s')
xlabel('tempo (s)')
```

A saída gráfica do programa `simrk4.m` pode ser vista na Figura 9.9. Os erros (posição em azul e velocidade em vermelho) com o RK4 foram mil vezes menores do que os erros com o RK2 (problema anterior). É importante ressaltar que estes são os erros globais, formados a partir da diferença em cada instante de tempo entre as soluções analítica e numérica.

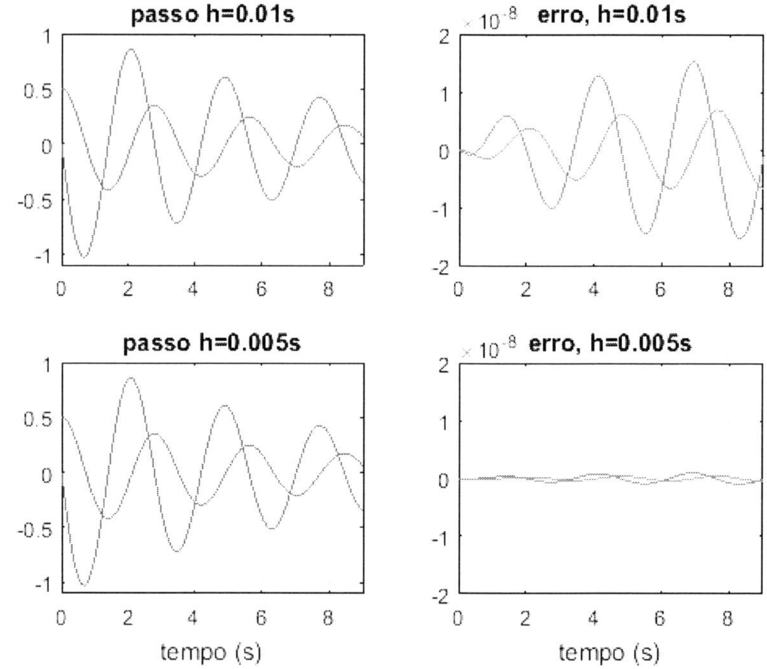

Figura 9.9 Simulações com o RK4 e comparações com a solução analítica (em vermelho); erros na velocidade em vermelho.

9.6 Métodos de Passo Múltiplo

Neste caso, a solução numérica y_{n+1} depende de múltiplas soluções anteriores y_n , y_{n-1} , y_{n-2} , ... , conforme ilustrado na Figura 9.10. Ressalta-se que, nos métodos de passo simples, a solução y_{n+1} depende apenas da solução anterior y_n. Conforme tenta ilustrar a Figura 9.10, neste caso, a solução y_{n+1} depende de se conhecer as soluções y_n, y_{n-1}, y_{n-2} e y_{n-3}.

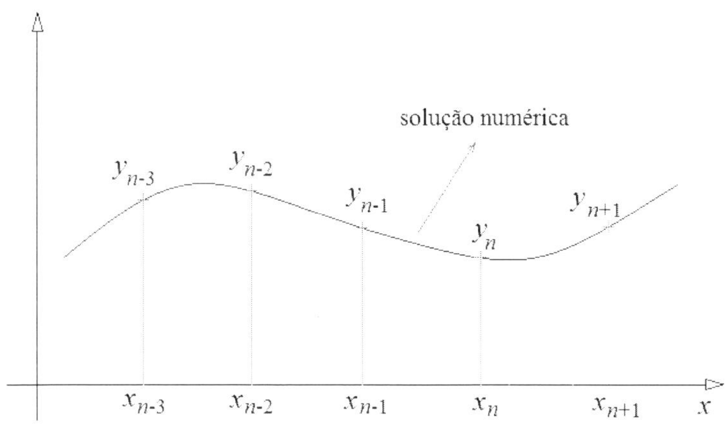

Figura 9.10 Uma sequência de soluções numéricas com um método de passo múltiplo.

Inicialmente é necessário relembrar a EDO que originou o PVI que se pretende resolver numericamente:

$$y' = f(x, y(x)) \tag{9.30}$$

Como o objetivo é encontrar y_{n+1}, escreve-se a seguinte integral definida entre x_n e x_{n+1}:

$$\int_{x_n}^{x_{n+1}} y'(x)dx = \int_{x_n}^{x_{n+1}} f(x, y(x))dx \tag{9.31}$$

ou ainda,

$$y(x_{n+1}) = y(x_n) + \int_{x_n}^{x_{n+1}} f(x, y(x))dx \tag{9.32}$$

A integral definida presente na equação (9.32) é geralmente impossível de se resolver analiticamente em problemas reais de simulação (caso fosse possível sua solução analítica, não haveria necessidade de se utilizar algum método numérico). Isto acontece porque a natureza dos fenômenos físicos apresenta caráter não linear de uma forma geral, dificultando a existência de soluções analíticas para o modelo dinâmico representado a partir da equação diferencial (9.30), que pode ser vetorial no caso de se trabalhar com um sistema de EDOs de primeira ordem.

9.6.1 Métodos Explícitos (Adams-Bashfort)

Substitui-se $f(x, y(x))$ na equação (9.32) por um polinômio de grau m $(p_m(x))$, que interpola a função $f(x, y(x))$ avaliada nos pontos $(x_{n-m}, y_{n-m}), \ldots, (x_{n-1}, y_{n-1}), (x_n, y_n)$. O leitor deve perceber que além das condições iniciais do PVI, torna-se necessário o conhecimento de alguns pontos avaliados numericamente por outro método numérico de integração, para que o processo seja inicializado. Assumindo-se que uma solução numérica pode aproximar-se da solução analítica, a equação (9.32) pode ser reescrita na forma:

$$y_{n+1} = y_n + \int_{x_n}^{x_{n+1}} p_m(x)dx \tag{9.33}$$

Utilizando-se a forma de Langrange de interpolação para $m = 3$ tem-se:

$$p_3(x) = L_{-3}(x)f_{n-3} + L_{-2}(x)f_{n-2} + L_{-1}(x)f_{n-1} + L_0(x)f_n \tag{9.34}$$

Adotou-se a seguinte notação para efeito de simplificação:

$$f_{n-3} = f(x_{n-3}, y_{n-3}); \ldots; f_n = f(x_n, y_n);$$

As funções $L_k(x), k = -3, -2, -1, 0$ consistem em:

$$L_{-3} = \frac{(x - x_{n-2})(x - x_{n-1})(x - x_n)}{\underbrace{(x_{n-3} - x_{n-2})}_{-h}\underbrace{(x_{n-3} - x_{n-1})}_{-2h}\underbrace{(x_{n-3} - x_n)}_{-3h}} = -\frac{1}{6h^3}\left[(x - x_{n-2})(x - x_{n-1})(x - x_n)\right] \tag{9.35}$$

$$L_{-2} = \frac{1}{2h^3}\left[(x - x_{n-3})(x - x_{n-1})(x - x_n)\right] \tag{9.36}$$

$$L_{-1} = -\frac{1}{2h^3}\left[(x - x_{n-3})(x - x_{n-2})(x - x_n)\right] \tag{9.37}$$

$$L_0 = \frac{1}{6h^3}\left[(x - x_{n-3})(x - x_{n-2})(x - x_{n-1})\right] \tag{9.38}$$

h corresponde ao passo constante de integração.

Substituindo-se as equações (9.35) a (9.38) na equação (9.34), esta última na (9.33) e resolvendo-se analiticamente a integral (lembrar que os termos $f_{n-3},\ldots,f_n$ são constantes previamente determinadas) chega-se à equação:

$$y_{n+1} = y_n + \frac{h}{24}\left[55f_n - 59f_{n-1} + 37f_{n-2} - 9f_{n-3}\right] \tag{9.39}$$

A equação (9.39) corresponde à forma final do método de passo múltiplo explícito, para $m = 3$ (polinômio de terceira ordem interpolando os pontos f_i): y_{n+1} depende apenas dos valores anteriores y_n, y_{n-1}, y_{n-2} e y_{n-3}. Observar que para se avaliar a função f_i é necessário o conhecimento da solução y_i: por exemplo, $f_{n-1} = f(x_{n-1}, y_{n-1})$.

9.6.2 Métodos Implícitos (Adams-Multon)

A diferença fundamental entre os métodos explícito e implícito é que neste último, a obtenção do y_{n+1} depende dele próprio, ao contrário do método explícito conforme foi visto anteriormente. No presente caso, substitui-se $f(x, y(x))$ por $p_m(x)$ que interpola a função f_i nos pontos $(x_{n-m+1}, y_{n-m+1}),\ldots,(x_{n-1}, y_{n-1}),(x_n, y_n),(x_{n+1}, y_{n+1})$.

O desenvolvimento é análogo ao caso explícito. Para $m = 3$, tem-se:

$$p_3(x) = L_{-2}(x)f_{n-2} + L_{-1}(x)f_{n-1} + L_0(x)f_0 + L_1(x)f_1 \tag{9.40}$$

Trabalha-se com integrais definidas entre x_n e x_{n+1}:

$$y_{n+1} = y_n + \int_{x_n}^{x_{n+1}} p_3(x)\,dx \tag{9.41}$$

A substituição da equação (9.40) na (9.41) e a consequente resolução da integral dá origem à equação final do método implícito:

$$y_{n+1} = y_n + \frac{h}{24}\left[9f_{n+1} + 19f_n - 5f_{n-1} + f_{n-2}\right] \tag{9.42}$$

É importante ressaltar que para se calcular y_{n+1} é necessário avaliar-se $f_{n+1} = f(x_{n+1}, y_{n+1})$, sendo esta a característica que atribui um caráter implícito à equação (9.42).

9.6.3 Método de Previsão-Correção (Adams-Bashfort / Adams-Multon)

Este método utiliza as formas explícita e implícita iterativamente, até que uma determinada precisão seja atingida. O processo básico (para este caso de previsor-corretor de quarta ordem (PC4)) poderia ser resumido como segue:

- Dado o PVI:

$$\begin{aligned} y' &= f(x, y(x)) \\ y(x_0) &= y_0 \end{aligned}$$

- Dados ainda

$\varepsilon > 0 \Rightarrow$ precisão desejada

$y_0 \Rightarrow$ condição inicial conhecida

$$y_1, y_2 \text{ e } y_3 \text{ conhecidos} \begin{cases} \text{geralmente obtidos por Runge - Kutta} \\ \text{com a mesma ordem do previsor - corretor} \end{cases}$$

- Para $n = 3, 4, 5, \ldots$

i) Calcula-se y_{n+1} da iteração 0 a partir da equação (9.39) (forma explícita), ou seja,

$$y_{n+1}^{(0)} = y_n + \frac{h}{24}\left[55 f_n - 59 f_{n-1} + 37 f_{n-2} - 9 f_{n-3}\right]$$

ii) Calcula-se

$$f_{n+1}^{(0)} = f\left(x_{n+1}, y_{n+1}^{(0)}\right)$$

iii) Avalia-se repetidamente a equação (9.42) (forma implícita)

$$y_{n+1}^{(k+1)} = y_n + \frac{h}{24}\left[9 f_{n+1}^{(k)} + 19 f_n - 5 f_{n-1} + f_{n-2}\right]; \quad k = 0, 1, \ldots$$

até que

$$\frac{\left|y_{n+1}^{(k+1)} - y_{n+1}^{(k)}\right|}{\left|y_{n+1}^{(k+1)}\right|} < \varepsilon \text{ (opção de parada por erro relativo)}$$

Em resumo, o previsor-corretor efetua uma previsão com a forma explícita e sucessivas correções com a forma implícita. Este método necessita do conhecimento de alguns pontos iniciais para a sua inicialização. No caso do previsor-corretor de quarta ordem, o polinômio que interpola os pontos f_i tem ordem 3 (m = 3) e assim, são necessários o conhecimento de quatro pontos para a inicialização do método: o primeiro corresponde à condição inicial; os outros três devem ser obtidos por um Runge-Kutta também de quarta ordem, para manter o mesmo nível de precisão do previsor-corretor.

O previsor-corretor de quarta ordem (PC4) foi implementado na função `pc4.m`, apresentada a seguir:

```
function [vt,vy]=pc4(t0,tf,h,y0)

vt(1)=t0;
vy(1,:)=y0;
[ts,ys]=rk4(t0,t0+3*h,h,y0);
y1=ys(2,:)';y2=ys(3,:)';y3=ys(4,:)';
vt(2)=t0+h; vt(3)=t0+2*h; vt(4)=t0+3*h;
vy(2,:)=y1; vy(3,:)=y2; vy(4,:)=y3;
i=4; t=t0+3*h;
pr=1e-12;

while t<tf,
    t3=t;t2=t-h;t1=t-2*h;t0=t-3*h;
    f3=der(t3,y3);
    f2=der(t2,y2);
    f1=der(t1,y1);
    f0=der(t0,y0);
    y4=y3+(h/24)*(55*f3-59*f2+37*f1-9*f0); %previsão
    t4=t+h;
    f4=der(t4,y4);
    y4n=y3+(h/24)*(9*f4+19*f3-5*f2+f1); %primeira correção
    while max(abs(y4n-y4))>pr,
        f4=der(t4,y4n);
        y4=y4n;
        y4n=y3+(h/24)*(9*f4+19*f3-5*f2+f1); % sucessivas
                                            % correções
    end,
    t=t4;
    i=i+1;
```

```
    vt(i)=t;
    vy(i,:)=y4n;
    y0=y1; y1=y2; y2=y3; y3=y4n;
end,
```

O mesmo problema formulado e resolvido anteriormente com os outros métodos vistos no presente capítulo também foi resolvido com o PC4. Os resultados gráficos encontram-se na Figura 9.11. Em termos de precisão, percebe-se que os resultados com o PC4 são semelhantes aos obtidos com o RK4, fato que já era esperado em razão de ambos serem de quarta ordem.

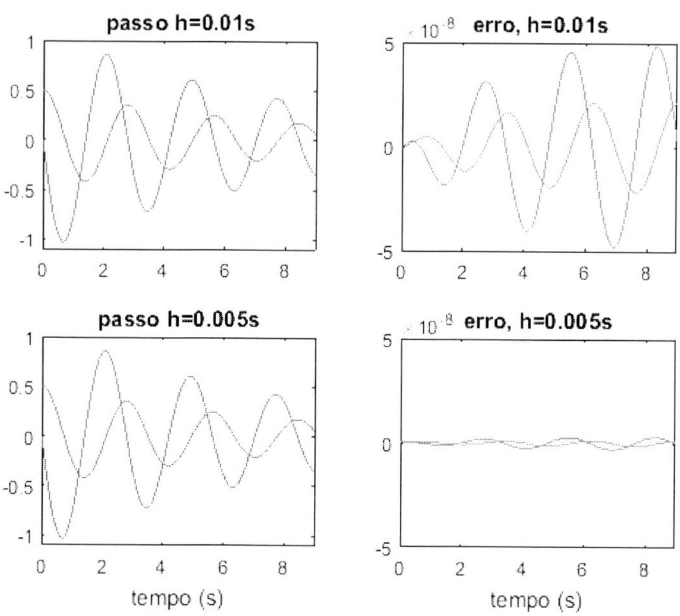

Figura 9.11 Simulações com o PC4 e comparações com a solução analítica (em vermelho); erros na velocidade em vermelho.

Capítulo 10

Soluções Numéricas de Equações Diferenciais Parciais

10.1 Introdução

Os sistemas físicos em geral admitem modelos matemáticos representativos, principalmente na forma de equações diferenciais ordinárias, conforme visto no capítulo anterior. Porém, alguns fenômenos podem ser funções de mais de uma variável independente e nestes casos, o modelo dinâmico em geral é representado por equações diferenciais parciais (EDPs). Um exemplo típico é o estudo da distribuição de temperatura em uma barra isolada em sua extensão, mas com temperaturas das extremidades conhecidas em função do tempo, conforme ilustrado na Figura 10.1.

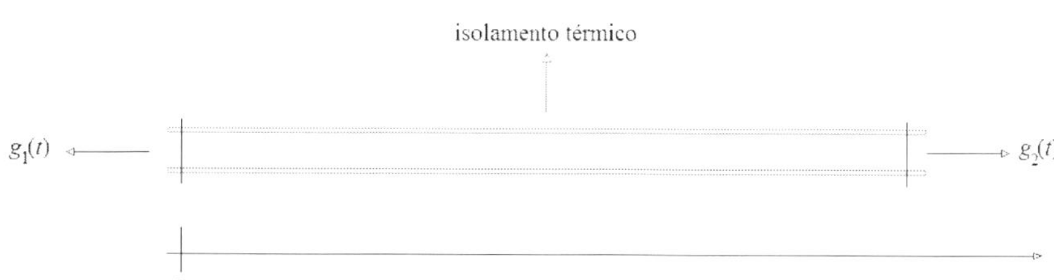

Figura 10.1 Barra metálica isolada termicamente e com temperaturas das extremidades $g_1(t)$ e $g_2(t)$ conhecidas.

A temperatura (u) em uma seção qualquer da barra é função da distância desta seção à origem (x) e do tempo (t):

$$u = u(x,t) \tag{10.1}$$

Para este exemplo, o modelo matemático é a conhecida equação do calor unidimensional,

$$\frac{\partial u}{\partial t} = c^2 \frac{\partial^2 u}{\partial x^2} \tag{10.2}$$

preconizando que a derivada parcial da temperatura com relação ao tempo é proporcional à segunda derivada parcial da temperatura com relação ao espaço (posição ao longo da barra), sendo c^2 uma constante de proporcionalidade (ao quadrado apenas para frisar que se trata de uma constante positiva).

Em geral, os modelos matemáticos de sistemas físicos são constituídos por equações diferenciais que não admitem solução analítica, embora alguns casos especiais possuam solução analítica aproximada. É portanto evidente a importância dos métodos numéricos para a solução de EDPs, importância esta crescente com o aumento da tecnologia de informática nos aspectos de *software* e *hardware*.

No presente capítulo se enfatizará alguns métodos numéricos para a solução de EDPs. Dois tipos de EDP aparecem na prática com mais frequência:

- 1ª ordem, com a seguinte forma geral:

$$a\frac{\partial u}{\partial x}+b\frac{\partial u}{\partial y}=c \tag{10.3}$$

- $2^{\underline{a}}$ ordem, principalmente sob a forma:

$$a\frac{\partial^2 u}{\partial x^2}+b\frac{\partial^2 u}{\partial x\partial t}+c\frac{\partial^2 u}{\partial t^2}=F \tag{10.4}$$

onde a,b,c,F podem ser constantes ou funções das variáveis independentes e da própria variável dependente u.

As EDPs de $2^{\underline{a}}$ ordem aparecem mais na prática uma vez que os modelos dinâmicos envolvem acelerações, que correspondem a derivada segunda com relação ao tempo ou a alguma coordenada de espaço. As equações seguintes são casos clássicos de modelos dinâmicos:

$$\frac{\partial^2 u}{\partial t^2}=d^2\frac{\partial^2 u}{\partial x^2}\Rightarrow \text{ equação da onda unidimensional} \tag{10.5}$$

$$\frac{\partial u}{\partial t}=c^2\frac{\partial^2 u}{\partial x^2}\Rightarrow \text{ equação do calor unidimensional} \tag{10.6}$$

10.2 Método das Curvas Características para EDP de 1º Ordem

Dada uma função $u(x,y)$, o ponto M de coordenadas $(x,y,z=u(x,y))$ pertence a uma superfície S quando x e y pertencem a um domínio D do plano (x,y): D é a projeção ortogonal de S neste plano. Se x e y variam de dx e dy, M se desloca de:

$$d\vec{M} = dx\,\vec{i} + dy\,\vec{j} + \left(du = \frac{\partial u}{\partial x}dx + \frac{\partial u}{\partial y}dy \right)\vec{k} \tag{10.7}$$

Definindo-se o vetor

$$\vec{N} = \alpha\,\vec{i} + \beta\,\vec{j} + \gamma\,\vec{k}$$

normal a $d\vec{M}$, pode-se escrever:

$$\vec{N}\,.\,d\vec{M} = \alpha dx + \beta dy + \gamma\left(\frac{\partial u}{\partial x}dx + \frac{\partial u}{\partial y}dy \right) = 0 \tag{10.8}$$

Reagrupando-se os termos da equação (10.8) tem-se:

$$\left(\alpha + \gamma\frac{\partial u}{\partial x} \right)dx + \left(\beta + \gamma\frac{\partial u}{\partial y} \right)dy = 0 \tag{10.9}$$

A equação (10.9) será satisfeita qualquer que seja o $d\vec{M}$ se:

$$\alpha = \frac{\partial u}{\partial x};\ \beta = \frac{\partial u}{\partial y}\ \text{ e }\ \gamma = -1 \tag{10.10}$$

Portanto, considerando-se (10.10), conclui-se que um vetor $\vec{N}$ normal a S em M pode ser escrito sob a forma:

$$\vec{N} = \frac{\partial u}{\partial x}\hat{i} + \frac{\partial u}{\partial y}\hat{j} - 1\hat{k} \tag{10.11}$$

O leitor deve guardar em mente o objetivo principal, que consiste na determinação da solução da equação (10.3):

$$a\frac{\partial u}{\partial x}+b\frac{\partial u}{\partial y}=c$$

onde a,b,c podem depender de x,y e u. Definindo-se o vetor:

$$\vec{V}=a\vec{i}+b\vec{j}+c\vec{k} \qquad (10.12)$$

a equação (10.3) pode ser escrita a partir do produto escalar entre os vetores $\vec{N}$ e $\vec{V}$ (equações (10.11) e (10.12)):

$$\underbrace{\left(\frac{\partial u}{\partial x}\vec{i}+\frac{\partial u}{\partial y}\vec{j}-1\vec{k}\right)}_{\vec{N}}\underbrace{\left(a\hat{i}+b\hat{j}+c\hat{k}\right)}_{\vec{V}}=a\frac{\partial u}{\partial x}+b\frac{\partial u}{\partial y}-c=0 \qquad (10.12)$$

O vetor $\vec{V}$ é perpendicular ao vetor $\vec{N}$ (normal a S em M) e, portanto, $\vec{V}$ é tangente à superfície S em M. Como $d\vec{M}$ (que pode ser qualquer) é também tangente a S, escolhe-se o mesmo paralelo a $\vec{V}$ e, portanto, as seguintes relações de proporcionalidade podem ser satisfeitas:

$$\frac{dx}{a}=\frac{dy}{b}=\frac{du}{c} \qquad (10.13)$$

As curvas relacionando x e y na equação (10.13) são conhecidas como curvas características. Esta equação pode ainda ser desmembrada em duas, na forma:

$$\frac{dy}{dx} = \frac{b}{a} \tag{10.14}$$

$$\frac{du}{dx} = \frac{c}{a} \tag{10.15}$$

As equações acima são diferenciais ordinárias e a solução conjunta de ambas pode se dar a princípio por qualquer método numérico ou analítico quando este existir.

Exercício proposto 10.1

Resolver a seguinte EDP utilizando o método das curvas características:

$$x\frac{\partial u}{\partial x} + u\frac{\partial u}{\partial y} = 1; \; u(x, y = 0) = 3$$

10.3 Diferenças Finitas

Basicamente, este método consiste na discretização da EDP a partir da substituição das derivadas por relações de diferenças. Trata-se de um método bastante empregado tanto para solução de EDP de 1ª quanto de 2ª ordens.

10.3.1 Aproximação das Derivadas por Diferenças Finitas

Considera-se que

$$u = u(x,t) \tag{10.16}$$

é solução de uma determinada EDP, com x e t como variáveis independentes. Considera-se ainda um domínio discreto em x e t conforme mostrado na Figura 10.2. Utiliza-se a notação:

$$u(x_i, t_j) = u_{i,j} \tag{10.17}$$

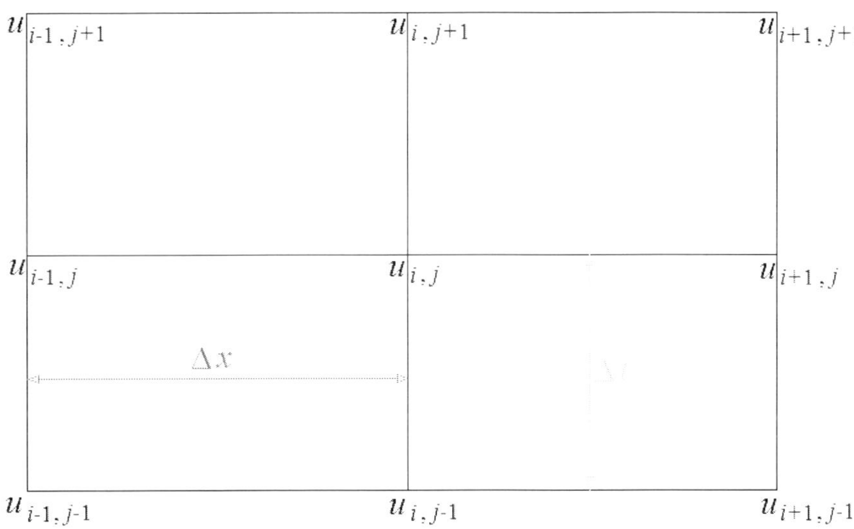

Figura 10.2 Nove pontos formando um domínio discreto da superfície $u(x_i, t_j) = u_{i,j}$.

Trabalhando-se com expansões da função u em série de Taylor e truncando-se na segunda ordem tem-se:

$$\{\text{em torno de}\, i, j\} \Rightarrow u_{i-1,j} \cong u_{i,j} - \Delta x u_x + \frac{\Delta x^2}{2!} u_{xx} \tag{10.18}$$

$$\{\text{em torno de}\, i, j\} \Rightarrow u_{i+1,j} \cong u_{i,j} + \Delta x u_x + \frac{\Delta x^2}{2!} u_{xx} \tag{10.19}$$

$$\{\text{em torno de } i+1, j\} \Rightarrow u_{i-1,j} \cong u_{i+1,j} - 2\Delta x u_x + 2\Delta x^2 u_{xx} \qquad (10.20)$$

Foi utilizada a seguinte notação:

$$u_x = \frac{\partial u}{\partial x}; \; u_{xx} = \frac{\partial^2 u}{\partial x^2} \qquad (10.21)$$

Desprezando-se os termos de segunda ordem das equações (10.18) a (10.20) podem ser escritas as seguintes equações:

$$u_x \cong \frac{u_{i,j} - u_{i-1,j}}{\Delta x} \qquad (10.22)$$

$$u_x \cong \frac{u_{i+1,j} - u_{i,j}}{\Delta x} \qquad (10.23)$$

$$u_x \cong \frac{u_{i+1,j} - u_{i-1,j}}{2\Delta x} \qquad (10.24)$$

Combinando-se as equações (10.18) e (10.24) tem-se:

$$u_{xx} \cong \frac{u_{i-1,j} - 2u_{i,j} + u_{i+1,j}}{\Delta x^2} \qquad (10.25)$$

Equações semelhantes poderiam ter sido obtidas considerando-se a variável independente t, como por exemplo,

$$u_t \cong \frac{u_{i,j+1} - u_{i,j}}{\Delta t} \tag{10.26}$$

obtida de forma análoga à equação (10.23).

10.3.2 Método Explícito

Considera-se a necessidade de se encontrar a distribuição de temperatura em uma barra metálica isolada termicamente, conforme ilustrado na Figura 10.1. A equação (10.2) descreve a dinâmica deste problema, reescrita a seguir considerando-se a constante c igual a 1.

$$\frac{\partial u}{\partial t} = \frac{\partial^2 u}{\partial x^2} \Leftrightarrow (u_t = u_{xx}) \tag{10.27}$$

Para se integrar numericamente esta equação, há a necessidade de se conhecer duas condições de contorno (10.28) e uma condição inicial (10.29):

$$\begin{aligned} u(0,t) &= g_0(t);\ 0 \le t \le T \\ u(L,t) &= g_1(t);\ 0 \le t \le T \end{aligned} \tag{10.28}$$

$$u(x,0) = f(x); 0 \le x \le L \tag{10.29}$$

Inicialmente o domínio $(0 \le x \le L, 0 \le t \le T)$ é discretizado, formando assim uma rede de pontos, conforme representado na Figura 10.3.

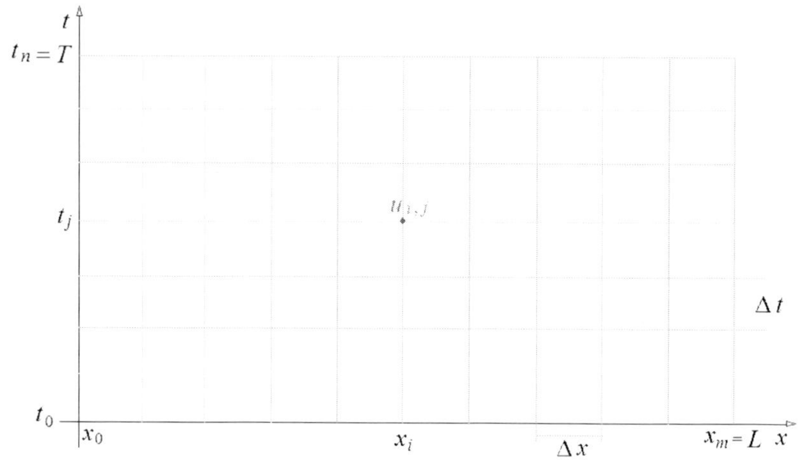

Figura 10.3 Domínio discreto da solução $u_{i,j}$.

Em qualquer ponto (i, j) tal que $i \neq 0, \quad i \neq m, \quad j \neq n$, as derivadas da equação (10.27) podem ser aproximadas por diferenças finitas, na forma (são utilizadas as equações (10.25) e (10.26)):

$$\frac{u_{i,j+1} - u_{i,j}}{\Delta t} = \frac{u_{i+1,j} - 2u_{i,j} + u_{i-1,j}}{\Delta x^2} \tag{10.30}$$

Definindo-se

$$k = \frac{\Delta t}{\Delta x^2} \tag{10.31}$$

chega-se à equação final do método explícito para o problema da distribuição de temperatura ao longo da barra metálica:

$$u_{i,j+1} = ku_{i-1,j} + (1 - 2k)u_{i,j} + ku_{i+1,j} \tag{10.32}$$

com $j = 0,1,2,\ldots,n-1$ e, para cada j, $i = 1,2,\ldots,m-1$.

Portanto, conhecidas todas as soluções no instante j, são determinadas as soluções em $j+1$.

O método explícito apresenta uma limitação com relação aos tamanhos de passo nas dimensões x e t, preconizando que haverá convergência se:

$$k = \frac{\Delta t}{\Delta x^2} \le \frac{1}{2} \tag{10.33}$$

Exemplo 10.1

Resolver, usando diferenças finitas na forma explícita, a EDP que modela a distribuição de temperatura em uma barra metálica, na forma:

$$\frac{\partial u}{\partial t} = \frac{\partial^2 u}{\partial x^2} \Leftrightarrow (u_t = u_{xx})$$

Considerando as seguintes condições:

$u(x,0) = 300\ K;\ 0 \le x \le 5m \Rightarrow$ condição inicial

$u(0,t) = 270\ K;\ 0 \le t \le 4s \Rightarrow$ condição no primeiro contorno

$u(5,t) = 500\ K;\ 0 \le t \le 4s \Rightarrow$ condição no último contorno

Solução

Adota-se $\Delta x = 0.25m$ e $\Delta t = 0.01s$, de forma que:

$k = \dfrac{\Delta t}{\Delta x^2} = 0.16 \le \dfrac{1}{2}$, garantindo assim a convergência da forma explícita.

O programa `difcalor.m` apresentado a seguir realiza a simulação e mostra a superfície solução $u(x_i, t_j)$:

Programa `difcalor.m`

```
clear all
close all
% Equações Diferenciais Parciais
% Simulaçao com Diferencas Finitas na Forma Explicita
% Dinâmica da distribuição de temperatura em uma barra
% metalica isolada termicamente em sua extensão, com
% temperaturas das extremidades conhecidas em função do
% tempo:
% T(0,t) = 273;    T(L,t) = 500; condicoes de contorno
% T(x,0)=300;  condição inicial

L=5;          % comprimento da barra
Tf=4;         % tempo final da simulação
t0=0;         % tempo inicial
x0=0;         % tempo final
dt=0.005;     % passo no tempo
dx=0.25;      % passo na coordenada de espaço
mx=L/dx+1;    % número de pontos do domínio em x
mt=Tf/dt+1;   % numero de pontos do domínio em t

k=dt/(dx^2);  % precisa ser menor do que 1/2 para
              % haver convergência

t=t0;
for j=1:mt,     % geração das condições de contorno
    u0(j)=273;
    un(j)=500;
    vt(j)=t;    % geração do vetor com o tempo
    t=t+dt;
end,

vx=x0:dx:L;    % geração do vetor x
```

```
for i=1:1:mx,   % geração da condição inicial
  u(i)=300;
end,

t=t0;

for j=1:mt,
  u(1)=u0(j); u(mx)=un(j);
  gu(j,:)=u;
  for i=2:mx-1
    up(i)=k*u(i-1)+(1-2*k)*u(i)+k*u(i+1);
  end,
  u=up;
end,
subplot(221)
mesh(vx,vt,gu), title('az.=-30, el.=15');
ylabel('tempo (s)')
xlabel('pos. (m)')
view(-30,15)
subplot(222)
mesh(vx,vt,gu), title('az.=-15, el.=15');
xlabel('pos. (m)')
view(-15,15)
subplot(223)
plot(vx,gu),
ylabel('temperatura');
xlabel('posição (m)')
axis([0 max(vx)+0.1 min(min(gu))-10 max(max(gu))+10])
subplot(224)
plot(vt,gu)
ylabel('temperatura');
xlabel('tempo (s)')
axis([0 max(vt)+0.1 min(min(gu))-10 max(max(gu))+10])
pause
figure
surf(vx,vt,gu)
ylabel('tempo (s)')
```

```
xlabel('pos. (m)')
title('temperatura')
shading interp
pause
for i=-30:1:330,
    surf(vx,vt,gu)
    ylabel('tempo (s)')
    xlabel('pos. (m)')
    zlabel('u(x,t), (K)')
    axis([0 5 0 4 min(min(gu))-10 max(max(gu))+10])
    view(i,15)
    shading interp,
    pause(0.025),
end
```

Este programa gera duas figuras e uma animação gráfica, consistindo na rotação da superfície temperatura $u(x_i,t_j)=u_{i,j}$. A Figura 10.4 apresenta quatro gráficos: dois relativos à superfície $u_{i,j}$ com diferentes ângulos de visão da câmera (observador); dois contendo temperatura versus tempo e temperatura versos posição. Observa-se que a tendência é a distribuição de temperatura se estabilizar segundo uma reta unindo as temperaturas constantes das duas faces, equivalentes às condições de contorno. É importante ressaltar que se utilizou a constante de condutividade térmica $c=1$. Esta constante está relacionada com a velocidade da resposta, ou seja, um valor maior conduz a um tempo menor de estabilização da distribuição de temperatura ao longo da barra.

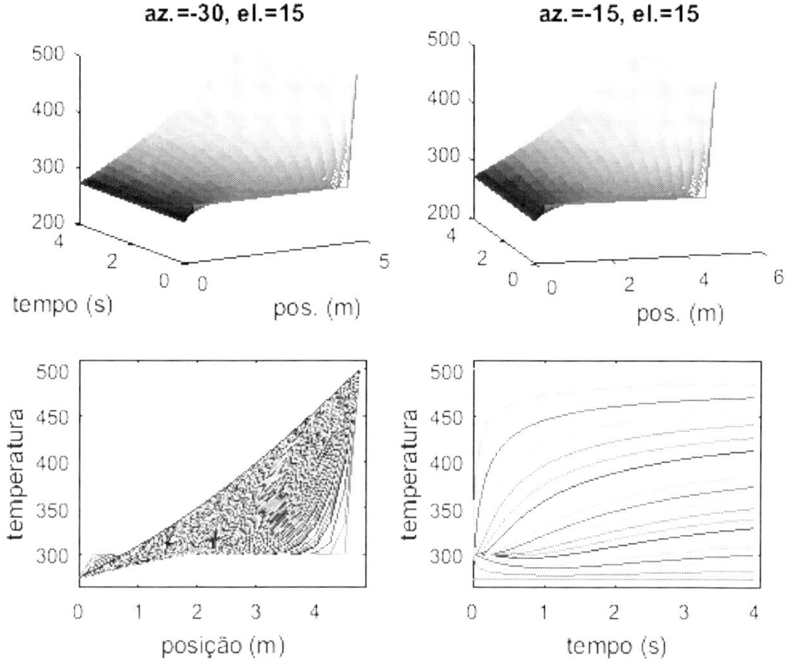

Figura 10.4 Superfície e curvas bidimensionais expressando os resultados da simulação da dinâmica da distribuição de temperatura ao longo de uma barra metálica.

Na Figura 10.5 vê-se a superfície $u(x_i, t_j) = u_{i,j}$, obtida com a função surf do MATLAB, que plota uma superfície plena, interpolando os pontos $u_{i,j}$, gerando assim a impressão de uma superfície contínua. A superfície do lado esquerdo foi gerada com 2 *s* de tempo final, enquanto que a do lado direito foi gerada com 4 *s*. Percebe-se que, de fato, a distribuição de temperatura tende a uma reta, à medida que o tempo cresce.

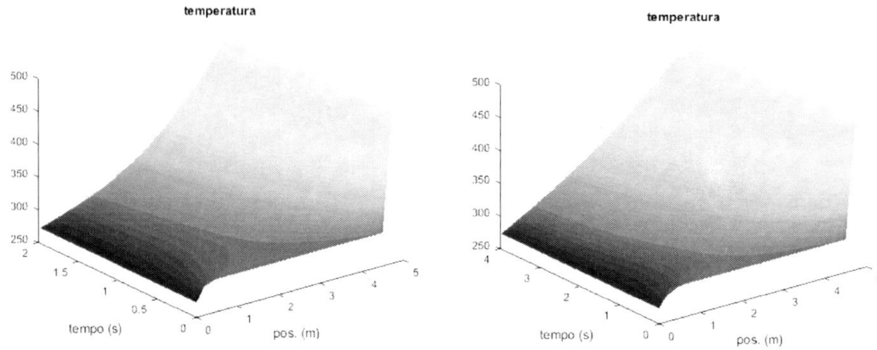

Figura 10.5 Superfícies solução numérica, para tempos finais de simulação equivalentes a 2 e 4 s.

Exemplo 10.2

O objetivo desse exemplo é simular a dinâmica de uma corda vibrante, a partir da equação da onda com amortecimento, na forma:

$$\frac{\partial^2 u}{\partial t^2} = \beta^2 \frac{\partial^2 u}{\partial x^2} - c\frac{\partial u}{\partial t}$$

$\beta \Rightarrow$ coeficiente de rigidez (constante positiva)

$c \Rightarrow$ coeficiente de amortecimento (constante positiva)

Considerar as posições nos contornos (extremidades da corda) nulas:

$u(0,t) = u(L,t) = 0$

Considerar a seguinte função como condição inicial de posição:

$$u(x,0) = f(x) = \left(\frac{4d}{L}\right)\left(\frac{x^2}{L} - x\right) \tag{10.34}$$

Este perfil condição inicial pode ser visualizado na Figura 10.6 (plota-se $-y = -u(x,0)$), sendo L o vão e d a flecha máxima (considerou-se $L = 1$ e $d = 0.05$).

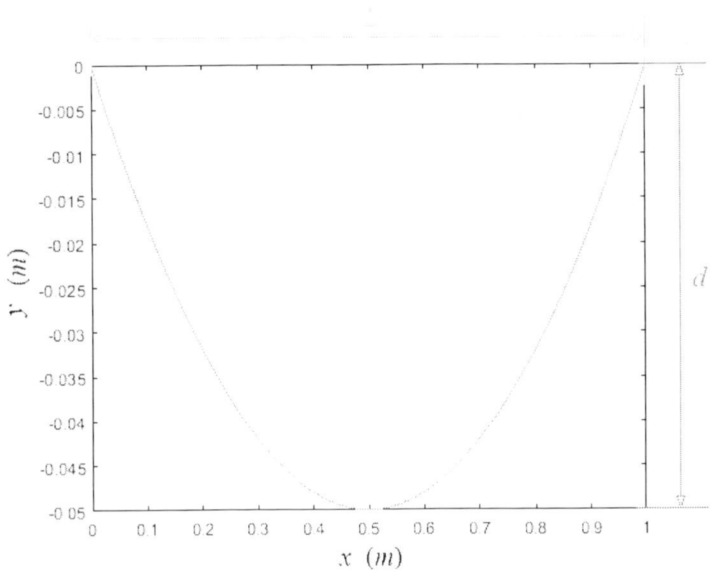

Figura 10.6 Perfil condição inicial da corda vibrante.

Considerar ainda a velocidade inicial nula em todos os pontos da corda:

$$\left.\frac{\partial u(x,t)}{\partial t}\right|_{t=0} = g(x) = 0 \tag{10.35}$$

Solução

Ressalta-se que, como a EDP é de segunda ordem com relação ao tempo, há a necessidade de duas condições iniciais, uma de posição e outra de velocidade, conforme definidas anteriormente (equações (10.34) e (10.35)).

A discretização da EDP é feita com as seguintes equações a diferenças finitas:

$$\frac{\partial^2 u}{\partial x^2} = u_{xx} \cong \frac{u_{i-1,j} - 2u_{i,j} + u_{i+1,j}}{\Delta x^2}$$

$$\frac{\partial^2 u}{\partial t^2} = u_{tt} \cong \frac{u_{i,j-1} - 2u_{i,j} + u_{i,j+1}}{\Delta t^2}$$

$$\frac{\partial u}{\partial t} = u_t \cong \frac{u_{i,j+1} - u_{i,j}}{\Delta t}$$

Substituindo-as na equação da dinâmica tem-se:

$$\frac{u_{i,j-1} - 2u_{i,j} + u_{i,j+1}}{\Delta t^2} = \beta^2 \left[\frac{u_{i-1,j} - 2u_{i,j} + u_{i+1,j}}{\Delta x^2} \right] - c \left[\frac{u_{i,j+1} - u_{i,j}}{\Delta t} \right]$$

Organizando-se os termos para gerar a forma explícita final tem-se:

$$u_{i,j+1} = \left(\frac{1}{1 + c\Delta t} \right) \left\{ -u_{i,j-1} + \left[2(1-\gamma) + c\Delta t \right] u_{i,j} + \gamma \left(u_{i-1,j} + u_{i+1,j} \right) \right\} \quad (10.36)$$

com $\gamma = \left(\frac{\Delta t \beta}{\Delta x} \right)^2$

Utilizou-se:

$L = 1\, m \Rightarrow$ comprimento da corda;

$\Delta x = 0.025\, m$; $\Delta t = 0.0001\, s$. O tempo final de simulação foi $8s$. Assim, o domínio discreto está plenamente definido.

A equação (10.36) é utilizada para gerar a superfície solução numérica $u(x_i, t_j) = u_{i,j}$. Os valores finais nas dimensões x_i e t_j correspondem a $x_m = 1$ e $t_n = 8$. Portanto, as variações em j e i são: $j = 0, 1, \ldots, n-1$; $i = 1, 2, \ldots, m-1$. Para cada valor de j faz-se uma varredura em i. Porém, para $j = 0$, na equação (10.36), há a necessidade de se conhecer $u_{i,-1}$, que está fora do domínio discreto. A determinação do $u_{i,-1}$ pode ser feita a partir da condição inicial de velocidade

$$\left. \frac{\partial u(x,t)}{\partial t} \right|_{t=0} = g(x) \approx \left. \frac{u_{i,j} - u_{i,j-1}}{\Delta t} \right|_{j=0} = \frac{u_{i,0} - u_{i,-1}}{\Delta t} \Rightarrow u_{i,-1} = u_{i,0} - \Delta t\, g(x_i)$$

Para este exemplo, a condição de velocidade inicial é nula, de forma que $g(x_i)=0$. Desta forma, tem-se $u_{i,-1}=u_{i,0}$, para $j=0$. Resolvido este problema da necessidade da utilização da condição de velocidade, a equação (10.36) pode ser usada para a determinação de todos os pontos solução numérica do domínio discreto.

O resultado desta simulação é mostrado na Figura 10.7. Na superfície da esquerda os pontos estão em um reticulado, calculados em cima dos pontos do domínio discreto. Na superfície da direita os pontos aparecem interpolados, dando a impressão de superfície contínua. Percebe-se a vibração da corda, com frequência constante e amplitude amortecida.

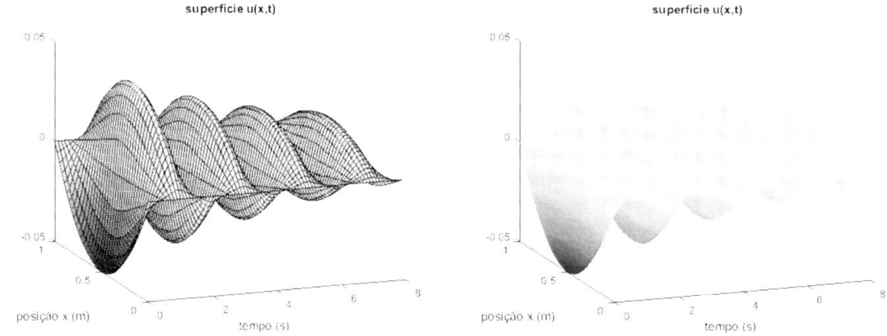

Figura 10.7 Superfície solução numérica da dinâmica da corda vibrante.

10.3.3 Método Implícito

A necessidade de se trabalhar com o fator $k=\Delta t/\Delta x^2 \le 1/2$ é na realidade uma importante limitação do método explícito. O método implícito evita esta restrição, ao custo de um acréscimo no nível de complexidade nos cálculos para a obtenção da solução numérica da EDP. Apresenta-se o método implícito utilizando-se do mesmo problema dinâmico do caso explícito, referente à distribuição da temperatura ao longo de uma barra metálica. O método implícito consiste em representar u_{xx} na forma discreta utilizando-se na expansão em série um ponto no instante t_{j+1}, ao invés de t_j (equação (10.25)) utilizado no caso do método explícito. A equação (10.30) passa a ter a seguinte forma:

$$\frac{u_{i,j+1} - u_{i,j}}{\Delta t} = \frac{u_{i+1,j+1} - 2u_{i,j+1} + u_{i-1,j+1}}{\Delta x^2} \tag{10.37}$$

Considerando-se novamente o fator $k = \Delta t / \Delta x^2$ tem-se:

$$-ku_{i-1,j+1} + (1+2k)u_{i,j+1} - ku_{i+1,j+1} = u_{i,j} \tag{10.38}$$

As condições iniciais e de contorno continuam as mesmas:

$$\begin{aligned} u_{0,j+1} &= g_0(t_{j+1}) \\ u_{m,j+1} &= g_1(t_{j+1}) \\ u_{i,0} &= f(x_i) \end{aligned} \tag{10.39}$$

Para um tempo qualquer t_{j+1}, o índice i na equação (10.38) varia de 1 até $m-1$ e portanto, a distribuição de temperatura neste instante é obtida a partir da solução de um sistema de $m-1$ equações lineares, cujas incógnitas são as soluções procuradas $(u_{1,j+1}, u_{2,j+1}, \ldots, u_{m-1,j+1})^T$. É importante ressaltar que os pontos $u_{0,j+1}$ e $u_{m,j+1}$ pertencem aos contornos e têm seus valores conhecidos.

Para ilustrar o presente método, considera-se que o domínio foi discretizado em 36 pontos, conforme a Figura 10.8.

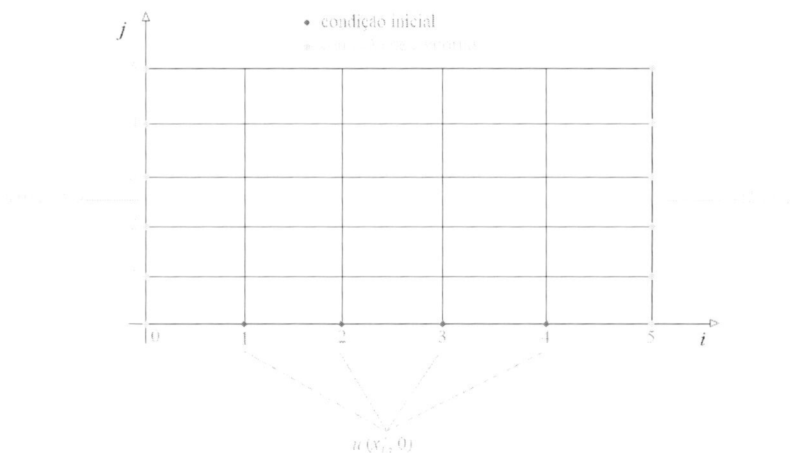

Figura 10.8 Domínio discreto com 36 pontos.

Para cada $j = 0,1,2,3,4 \Rightarrow i = 1,2,3,4$ na equação (10.38). Para um j qualquer tem-se:

$$\begin{aligned} i = 1 &\Rightarrow -ku_{0,j+1} + (1+2k)u_{1,j+1} - ku_{2,j+1} = u_{1,j} \\ i = 2 &\Rightarrow -ku_{1,j+1} + (1+2k)u_{2,j+1} - ku_{3,j+1} = u_{2,j} \\ i = 3 &\Rightarrow -ku_{2,j+1} + (1+2k)u_{3,j+1} - ku_{4,j+1} = u_{3,j} \\ i = 4 &\Rightarrow -ku_{3,j+1} + (1+2k)u_{4,j+1} - ku_{5,j+1} = u_{4,j} \end{aligned} \qquad (10.40)$$

Reagrupando-se os termos e escrevendo-os na forma matricial chega-se ao seguinte sistema de equações lineares:

$$\begin{bmatrix} (1+2k) & -k & 0 & 0 \\ -k & (1+2k) & -k & 0 \\ 0 & -k & (1+2k) & -k \\ 0 & 0 & -k & (1+2k) \end{bmatrix} \begin{pmatrix} u_{1,j+1} \\ u_{2,j+1} \\ u_{3,j+1} \\ u_{4,j+1} \end{pmatrix} = \begin{pmatrix} ku_{0,j+1} + u_{1,j} \\ u_{2,j} \\ u_{3,j} \\ ku_{5,j+1} + u_{4,j} \end{pmatrix} \quad (10.41)$$

Neste exemplo, cuja malha do domínio discreto tem 36 pontos, a solução completa em todo o domínio discretizado consiste na resolução de 5 sistemas semelhantes ao da equação (10.41), nos casos em que $j = 0,1,2,3,4$. Neste caso, os pontos internos ao domínio discreto apresentado na Figura 10.6 são determinados: para cada *j*, as soluções em uma nova linha do domínio são encontradas a partir da solução do sistema 10.41.

É importante ressaltar que a matriz do sistema (10.41) é tridiagonal e permite convergência para os métodos iterativos (Gauss-Jacobi e Gauss-Sidel, por exemplo). O que garante essa convergência é o critério das linhas: $\max(\alpha_i) = (2k)/(1+2k) < 1$. Além da sempre possível solução numérica do sistema de equações, o método de diferenças finitas na forma implícita converge independentemente do valor do *k*, sendo esta a principal vantagem com relação ao diferenças finitas explícito.

Exercício proposto 10.2

Implementar o método de diferenças finitas na forma implícita, para a solução dos problemas: distribuição de temperatura ao longo de uma barra metálica; dinâmica de uma corda vibrante.

Referências

[1] ARFAKAN G. *Mathematical methodos for physicists*. Academic Pres, 1985.

[2] BURDEN R. L., Faire J. D. *Análise numérica*. São Paulo: Cengage Learning, 2008.

[3] CAMPOS FILHO F. F. *Algoritmos numéricos*. LTC, 2ª Ed. 2007.

[4] CLÁUDIO D. M. e Marins, J. M. *Cálculo numérico computacional*. Editora Atlas, São Paulo, 1994.

[5] CHAPRA S. C. *Métodos numéricos para engenharia*. São Paulo, Mc Graw Hill, 2008.

[6] COHEN A. M. *Numerical analysis*. McGraw-Hill, New York, 1973.

[7] DEMINOVITH B and Maron, I. *Eléments de calcul numérique*. Editions MIR, Moscou, 2 ed., 1987.

[8] DIERCKX P. *Curve and Surface Fitting with Splines*. Oxford University Press, 1994.

[9] FERZIGER J. H. *Numerical methods for engineering application*. New York , Wiley- Interscience, 1998.

[10] FORSYTHE G. E., Malcolm M. A., Moler C. B. *Computer Methods for Mathematical Computations*. Englewood Cliffs, New Jersey 07632. Prentice Hall, Inc.,1977.

[11] FRANCO N. B. *Cálculo numérico*. Pearson Universidades, 2006.

[12] GEAR C. W. *Numerical Initial-Value Problems in Ordinary Differential Equations*. Prentice-Hall, Englewood Cliffs, New Jersey, 1971.

[13] GOMES S. C. P. *Métodos numéricos: teoria e programação*. Ed. da FURG, 1999.

[14] GILAT A., Subramaniam V. *Numerical methods for engineers and scientistis : an introduction with applications using MATLAB*. 2e, JohnWiley & Sons, Inc. 2011.

[15] HENRICI P. *Discrete variable methods in ordinary differential equations*. Jonh Wiley & Sons, 1962.

[16] ISAACSON E. and Keller, H. B. *Analysis of numerical methods*. New York, Jonh Wiley & Sons, 1966.

[17] JENNINGS A. *Matrix computations for engineers and scientists*. Jonh Wiley & Sons, 1978.

[18] LAMBERT J. D. *Computational methods in ordinary differential equations*. Jonh Wiley & Sons, 1973.

[19] RICE J. R. *Numerical methods, software, and analysis*. McGraw-Hill, 1983.

[20] SCHERER C. *Métodos computacionais da física*. Livraria da Física, 1ª Ed, 2010.

[21] SPERANDIO D., Mendes J. T., Silva L. H. M. *Cálculo numérico: características matemáticas e computacionais dos métodos numéricos*. Pearson Universidades, 2003.

[22] RUGGIERO M. A. Q., Lopes V. L. R. *Cálculo numérico*: *aspectos teóricos e computacionais*. McGraw-Hill, 1988.

[23] VANDERGRAFT, J. S. *Introduction to numerical computation*. Academic Press, 1978.

[24] WILKINSON, J. H. *The algebraic eigenvalue problem*. Oxford Univ. Press, 1965.

Impressão e acabamento
Gráfica da Editora Ciência Moderna Ltda.
Tel: (21) 2201-6662